Life and Science 選書者序

整個網際網路，是一本超大的書本，所以何必再讀書呢？

我們這個資訊和知識爆炸的時代，怕的不是能讀的東西不夠多，怕的是堪讀的東西實在太多，但能稱得上精采絕倫的，卻仍舊十分有限。我們不僅要耗費更多時間面對爆量的文本，更要虛擲光陰精挑細選。

人生苦短，為何要浪費在平庸的事物上呢？

為此，我們為你嚴選出這系列出類拔萃的好書！讓最富才華的科普作家，來為你說一個完整且優異的科學故事。

「Life & Science」，是與生命，也與生活相伴的科學，用感性的方式，遨遊理性的科學世界。

我們不僅引介了國外最富盛名的科普書，還要讓你認識努力不懈的本土科學家們的心血結晶。

這一本本好書都濃縮了知識和智慧的精華，還原科學最初的感動，讓你心無旁騖地遠離網路的塵囂，體驗心流的幸福感受，進入這紛亂世界中的寧靜綠洲，飲用知識的甘泉滋潤好奇的心。

你泡好了杯茶或咖啡，來和見識不凡的科學家們天南地北地暢談了嗎？

書系選書人——黃貞祥，筆名「Gene Ng」，來自馬來西亞，現居風城，任教於國立清華大學生命科學系及分子與細胞生物研究所。興趣廣泛的演化生物學家，研究教學工作之餘，嗜好讀書、寫作、看戲、騎車、踏青、逗貓、禪修。

好評推薦

「毒物的出現，原來是生命的另一種機會！」通常人們對毒物避之惟恐不及，沒想到在《毒特物種》一書中，卻賦予了它們全新的定義：毒物只是生物原本就有的生理、免疫分子因為基因突變，再經由演化引導，終而成為了現今各式各樣有毒生物的武器。不過天生我才必有用！這些毒性物質卻很可能成為日後疑難雜症的救命仙丹。科學真是了不起，它讓我們看穿深奧的歷史，也讓我們看見光明的未來。難怪要讀書！

——國立海洋生物博物館創建館長　方力行

我個人看到聽到切身體驗到的毒特物種，是從「古早時候」中研院裡的各種毒蛇開始。

接下來，是我在海邊玩時螫到我的小水母，讓我爸背上像是被鞭打過、高燒住院數天的水母，以及從我外婆家天花板上掉下來螫我、讓我兩個星期不能轉脖子的蜈蚣……。雖說我從此就跟牠們相敬如賓，但還是知己知彼比較好，而且還能從說故事般的風趣文字中獲得更多科學新知……不多說了，快快來讀這本書吧！

——科普作家　張東君

從人類的角度來看，任何其他生物所製造的分子化合物造成人類不舒服、受傷甚至死亡者皆稱之為「毒」，而生物本身製造這些化合物是為了保護自己或作為獵食的工具，乃經過億萬年演化的結果。《毒特物種》介紹了各類不同物種製造的毒液及不同毒液又如何作用在其他生物，是本值得推薦的科普書，對曾經閱讀過《台灣蛇毒傳奇》的讀者更是一本難得的好書。

——長庚大學生醫系客座教授　羅時成

導讀

毒領風騷的毒特物種

黃貞祥

無毒不丈夫、最毒婦人心，這些性別偏見的說法太不政治正確了。不過說起毒液，很多動物才是擁有大規模殺傷性化學武器的專家。雖然還沒一朝被蛇咬過，所以不必十年怕草繩，只有某晚上床睡覺時感到怪怪的，才驚覺原來是隻約半尺長的蜈蚣差點伴我入眠。

在馬來西亞念高中時，實驗課趁老師不注意，偷偷溜去學校食堂買零食，沒想到誘人的零食居然暗藏陷阱，讓我被蠍子螫到了中指，傷口立即紫黑一圈，接下來幾天被迫比著腫脹肥大的中指示人。

碩士班時我研究蜜蜂磁場感應，所以在校園裡養箱蜜蜂也是很合理的。雖然有戴頭罩，開蜂箱時有噴煙霧，偶爾還是有一、兩隻蜜蜂飛進頭罩裡，臉頰、鼻孔、耳朵、嘴脣都被叮過，更甭提手腳。有幾次嘴脣被叮得超痛就算了，還腫得像香腸一樣，害我幾天不敢出門……但最近讀了本好書《攀樹人：從剛果到祕魯，一個ＢＢＣ生態攝影師在樹梢上的探險筆記》（*The Man Who Climbs Trees*），看到作者詹姆斯．艾爾德里德（James Aldred）被毒蜂和子彈蟻叮咬到七葷八素、生不如死，才知道原來我的經驗真是小菜一碟。

海洋是孕育生命的最初場所，悠久的演化史讓毒特物種更多也更毒。小學時，班上有幾位不良同學曠課到當時仍乾淨的海邊遊泳，還沒回學校就被嚴懲了：他們被水母螫傷，手腳都有比鞭刑更慘的傷口，一道道發炎紅腫，省了家長和老師的藤鞭伺候。觀看他們的傷口讓我很好奇被水母螫傷是什麼滋味，不過老爸在越南下龍灣釣魷魚時居然把水母釣上甲板，我們全家還是以最快速度逃離現場。

高中畢業旅行，在馬來西亞風光明媚的小島海邊玩水，導遊嚴正警告我們千萬要注意別被海膽刺到腳，要不然會立刻痛到尿失禁。果然就有幾位白人遊客中招刺到，已經非常白皙的面容更顯慘白和扭曲，令人印象極為深刻，害我都不敢去游泳。

不是所有毒特物種都很可怕，海蛇的毒雖然沒解藥、很快令人命喪黃泉，可是到蘭嶼旅行觀賞海蛇可是必要行程，浮潛時常常能看到海蛇在旁邊游過，晚上導遊還帶我們到海邊摸海蛇。原來海蛇雖身懷巨毒，可是溫馴得很，而且牙齒也頗鈍，除非感覺生命受到威脅而死命咬，否則不會刺進皮膚，也不會輕易釋放毒液。

二〇一六年夏天，我參加了在澳洲黃金海岸召開的分子生物學及演化學會年會，晚宴上主持人滔滔不絕地介紹澳洲的各種毒特物種，似乎令澳洲人引以為傲——好吧，至少生物學家是如此。例如被好可愛、看來很無害的雄鴨嘴獸的刺螫到，那就不是痛幾天或幾週就能善罷甘休的，據說要徹夜難眠地痛上好幾個月，標準的痛不欲生；澳洲海裡還有一種芋螺，看來毫不起眼，可是只要伸出觸手碰到獵物，就能立即擊殺，成人不小心被咬一口，也會去見閻羅王。

他們不斷天花亂墜地秀出澳洲各種毒特物種，例如刺魟、南棘蛇、箱水母、藍圈章魚、蜘蛛等等，似乎全澳洲都被牠們攻占到無處不在。毒液對生物學家確實有毒特的魅力，而且還有很多精采絕倫的故事。要談這些毒液的優異毒家報導，非這本《毒特物種》莫屬！作者克莉絲蒂．威爾科克斯（Christie Wilcox）特立毒行地談了好多種毒液的毒具匠心，各種毒特物種在她的生花妙筆下毒來毒往，真的是毒開生面。

以上我談了好多個人經驗，其實生物學的很多研究，就是從這些對周遭事物和個人經驗所產生的好奇。威爾科克斯小時候在夏威夷邂逅了僧帽水母，雖然疼痛卻讓她著迷。後來捉蛇、玩水母海葵是家常便飯，讀博士班時乾脆研究起毒液的分子合作過程，對象是有毒的獅子魚。

我們之間有很多人，包括不少生物學家，都懼怕毒特物種，這是人類與生俱來的天性，我母校美國加州大學戴維斯分校（University of California, Davis）的人類學家琳恩・伊斯貝爾（Lynne Isbell），甚至提出蛇可能是人類具有大腦袋的演化驅力來源。那些無視毒特物種的古早人類，很不幸地提早領了達爾文獎（Darwin Awards）：「讓自己愚蠢的基因不再自由地傳播出去」。因此，害怕毒特物種一點也不可恥，反而是愛與毒特物種打交道的人常被視為怪咖。威爾科克斯訪問了不少毒液科學家，雖然天天驚心動魄地和蛇蠍等毒特物種打交道，他們不但一丁點也不惡毒，她還認為他們是全世界最開放、最迷人、最令人興奮的一群。

台灣也有不少毒特物種，例如毒蛇就沒這麼好惹，被眼鏡蛇咬傷會讓組織壞死，令人怵目驚心！台灣的蛇毒研究也是世界頂尖，有興趣的朋友可以參閱楊玉齡和羅時成合著的《台灣蛇毒傳奇：台灣科學史上輝煌的一頁》一書，見識台灣早期在資源不足且技術遠遠落後的情況下，先輩科學家如何克難且勇敢地開創新局。

各種毒液的研究大多是受好奇心的驅使才開始，後來卻讓我們能有工具來了解細胞生物學、生理學和神經生物學上的重要機制，許多毒液的關鍵成分後來被發現具有治療勃起功能障礙、癲癇、心臟病、糖尿病、自體免疫疾病和癌症等多種疾病的功效。

身為分子生物學家，威爾科克斯也提到抗毒液體學（antivenomics）這門新興學科，目標在於用最尖端的免疫學與分子生物學技術來純化抗毒素。她討論了從人體各種毒液的生物化學和神經學作用到所謂的自我免疫者，例如蛇的飼主進行的實驗，不擇手段地在自己身上注射毒液以增強免疫力，防範遭受心愛的寵物攻擊致死；她也提到許多利用毒液謀害他人的故事。

這本書幾乎把地球上所有毒特物種一網打盡，我讀了才知道，原來被藍圈章魚給吻上一口是會致命的。有趣的是，毒液不僅令人疼痛或直接一命嗚呼而已，有些甚至能控制其他動物的心智與行為，所以在印度有人用蛇毒來嗨翻天——有錢人購買價格不菲的乾燥蛇毒，窮人去蛇窟讓蛇咬一咬，這真是令人大開眼界。

不過回到最初談到的，這些毒液都是動物為求防衛或果腹演化而來，實在無可厚非，而且這些毒液所費不貲，製作合成的代價不低。在現代社會，人類真的因為毒液而不治身亡的還是極少數——如果和車禍及觸電相比的話；在美國，槍械之下的亡魂恐怕多得太多。因此，我們不需要對毒特物種過分地恐懼。

儘管很重要，我們對毒特物種的毒門絕活了解得其實仍有限。在人類不斷破壞環境下，對這些動物而言，毒液已不足以自保，在許多生物醫學應用開發出來前，可能連基礎生物學的知識都沒法從牠們身上取得。所以，該輪到我們人類發揮善意，否則就真是蛇蠍不如了。

來讀讀這本書吧，肯定讓你對毒特物種另眼相待！

從致命武器到救命解藥，看有毒生物如何成爲地球上最出色的生化魔術師

How Earth's Deadliest Creatures Mastered Biochemistry

VENOMOUS

毒特物種

Christie Wilcox

克莉絲蒂・威爾科克斯 著

鄧子衿 譯

⚠ 警告讀者：

如果沒有接受過適當訓練，請不要接近、捕捉或是觸摸書中所提及的有毒動物，因為可能會遭受螫咬，非常危險。此外，以蛇毒或其他動物的毒液進行「自我免疫」也非常危險，有可能致死。

獻給關心地球上所有生物的人，

不論牠們有毛或是有毒牙、表面黏滑還是長滿鱗片、壯觀美麗或受到誤解。

目次

前言

在人類這個物種還沒有鍛造刀劍和發明文字之前，在人類放棄了居無定所的生活、開始打造最初的文明基礎之時；那時耶穌和佛陀尚未降臨，畢達哥拉斯（Pythagoras）和阿基米德（Archimedes）也還沒出生，人類在現今名為土耳其的土地上建造了一座神殿，後來稱作哥貝克力石陣（Gobekli Tepe，這是土耳其文，意思是「大肚山」）。哥貝克力石陣是目前已知最早的宗教遺址，那裡有幾十根巨大的石柱，是在一萬多年前由虔誠的信徒小心翼翼地豎立起來，石材的運輸以及建造的過程都只用到人類的雙手，完全沒有運用獸力或是輪子之類的工具。不過，在這座神殿的柱子上，你找不到天使或惡魔的雕刻。那些古代藝術家選擇在這座最神聖的殿堂中，用他們最看重的事物來裝飾：和日常生活有關的動物，其中包括會分泌毒液的蛇、蜘蛛與蠍子。

毫無疑問，這些能分泌毒液的動物與人類的關係錯綜複雜，有著多采多姿、深邃豐富的歷史。牠們一直與人類共存：對部分能分泌毒液的動物的恐懼之情，已經植入人類本性，剛出生的嬰兒便能夠展露出來。在人類各民族與文明的神話及傳說中，都可以見到牠們活躍的紀錄與猙獰的面貌。剛有文字的歷史之初，人類便把這些動物融入了文化當中。在某種意義上，這本書是我對那些遠古諸神的獻禮、對這些可畏力量的讚歌、對牠們在科學上無窮潛力的頌揚。

自從我有記憶以來，就對這些動物深深著迷。小時候住在夏威夷的凱盧阿（Kailua），那時我被僧帽水母（Portuguese man-of-war）螫了。我記得那次是一些藍色的僧帽水母沖上了我家附近的沙灘，藍色泡泡結構漂亮又細緻，我深受吸引，然後用所有能以小手抓起的東西去戳那些藍色透明的水母。被螫傷後非常疼痛，讓我警覺到僧帽水母的危險本質，但我對這些動物的迷戀並沒有因此消失，反而更為加深。後來我們全家搬到佛蒙特（Vermont），我在後院抓了一條蛇，拿回家給母親看，差點沒把她嚇暈。大學頭一年，我們替無脊椎動物學實驗室抓到一隻仙后水母（upside-down jellyfish，屬名 *Cassiopea*）。我被牠迷住了，整整四個小時就只是輕輕地翻動牠，看著牠游動或是沉到玻璃皿底下。水母螫了我的手指，輕微的毒素讓我手指發麻，可是我依然樂此不疲。時至今日，我去水族館一定會到觸摸池邊摸摸海葵，讓海葵的觸手抓住我的手指，感覺到牠魚叉般的倒刺想要穿透我手指上厚厚的角質層，可是徒勞無功。我也會花上好幾小時撫摸刺魟光滑的雙鰭。我在讀博士班時甚至決定要去研究有毒的獅子魚（lionfish），我的老闆覺得很好笑，用淘氣的眼神看著我說：「我們才剛完成熱帶海鰻（moray eel）的研究計畫，只有三個人被咬而已。我等不及要看你的研究『結果』了。」

回首過去，我很高興我選擇研究毒液。在這個領域中的同事，是全世界最開放、最迷人、最令人興奮的一群（可能我有些偏見吧）。從我的經驗來看，研究毒液的科學家可以分成兩類。一類是你所想的那種埋首實驗室的人，他們一開始對毒液的興趣並非來自那些分泌毒液的動物，而是想研究這些有毒分泌物錯綜複雜的分子合成過程。昆士蘭大學（University of Queensland）的化學與結構生物學教授葛蘭・金恩（Glenn King），是在諸多毒液中找尋具備醫療潛力的研究先鋒。他接受學術訓練時，學的是核磁共振（nuclear magnetic resonance, NMR）結構生物學，有個同事請他解析某個毒物的結構，他由這個契機開始進入毒液研究的領域。現在他是毒液「生物探勘」（bioprospect）的領導者之一，研究如何將傷害身體的分子轉變成具有療效的藥物。肯恩・溫克爾（Ken Winkel）之前是墨爾本大學（University of Melbourne）澳洲毒液研究小組（Australian Venom Research Unit）組長，他直接承認自己不是「蛇迷」，研究毒液完全是意外，他本來有興趣的是醫學免疫學。猶他大學（University of Utah）的巴多梅羅・奧里維拉（Baldomero Olivera）研究的是神經細胞與麻痺的關係，所以才研究芋螺（cone snail）的毒液。

當然，也有很多像是布萊恩・佛萊（Bryan Fry）這樣的人。不過呢，像佛萊這樣獨特的人物，世界上只有他一個。他是昆士蘭大學毒液演化實驗室的頭頭，《國家地理雜誌》（*National Geographic*）形容他是「精力旺盛又英俊迷人的毒液宅」。我覺得他是毒液科學家中的壞男孩，不甘願自己沒有看到夠多好玩的動物，所以他到處旅行，利用整組現代的工具、以各種方式捕捉會分泌毒液的動物，並且榨取毒液。為了完成這些事，他被毒蛇咬過二十六次，骨折過二十三次，被刺魟螫過三次、蜈蚣螫過兩次、蠍子螫過一次。當我繼續問他被多少昆蟲螫過時，他笑道：「誰會算被蜜蜂螫過多少次啊！你要我去算被火蟻螫過的次數嗎？」

佛萊非常坦白率直，老實到可能有些傷人。他是傑出的科學家，也是世界首屈一指的毒液專家。我認識他很久了，頭一次見面時，我只是個剛開始研究有毒獅子魚的年輕博士生。我去澳洲的時候，近距離接觸了鴨嘴獸（platypus）。我也拜訪了他在昆士蘭大學的實驗室，並且在校園酒吧「紅屋」與他共享一大罐啤酒。我們聊了很久，談話內容都是專業領域中的各種議題，後來我發現，我從來沒有真正問過他為什麼要研究會分泌毒液的動物。

佛萊說：「我一直都想研究這些動物。」他馬上就承認自己是因為喜歡這些動物才開始研究毒液。在他的個人網站上，他說研究毒液對醫學而言很重要。「不過這只是我要和這些漂亮動物玩耍的好聽藉口。」佛萊四歲時就大聲宣告以後要和毒蛇一起工作過日子。他是認真的，之後他拓展領域到海葵、蜈蚣、昆蟲、魚類、蛙類、蜥蜴、水母、章魚、蠑螈、懶猴（slow lorise）、蠍子、蜘蛛，甚至是有毒的鯊魚。這些動物讓他研究毒液，而毒液又激發了他的好奇心。現在關於毒液的研究，最吸引他的是「毒液能夠激起多少種亂七八糟的感覺」。

我、佛萊和他這類的毒液科學家，是因為愛上了那些動物才進而研究毒液。但是我越深入了解毒液複雜精妙的化學組成之後，就越對毒液本身感興趣，然後被更毒的物種所吸引。雖然在最樂觀的推估下，我對有毒動物的狂熱將會轉變成痛苦的學習經驗，然而不入虎穴、焉得虎子？這些動物能讓我們知道許多生態系統及物種之間的互動。我們能經由那些強效毒素研究人類的身體：無價。這些動物能讓我們了解演化的基本過程：無價。如果有機會研究這些動物隱藏在基因中的祕密，並且挖掘出來讓世人所知，那麼要我頂著進幾次急診室的風險，也是心甘情願的。我到世界各地旅行，親自接近各種能分泌毒液的動物，至今依然毫髮無傷。

不過嘛，有次被猴子咬了，這只要注射八次免疫球蛋白和四次狂犬病疫苗就可以康復。另一次則是遇上了海膽⋯⋯

第一章

生理機能的巔峰

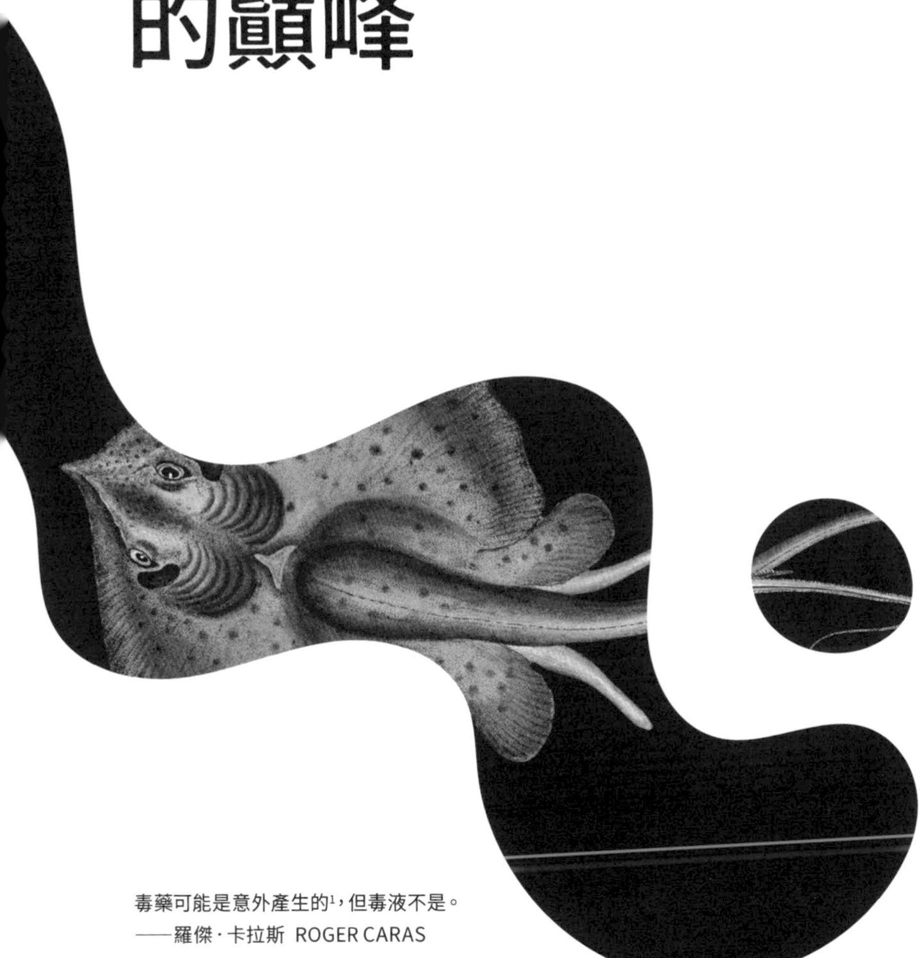

毒藥可能是意外產生的[1]，但毒液不是。

——羅傑·卡拉斯 ROGER CARAS

如果你打算開列地球上最怪異動物的清單，那麼鴨嘴獸勢必輕易入榜。鴨嘴獸真的很怪，以至於喬治．蕭（George Shaw）在一七九九年首度對鴨嘴獸進行科學描述時，簡直不敢相信真的有這種動物。他在自己的著作《博物學家文集》（*Naturalist's Miscellany*）第十卷中寫道：「懷疑是否真的有這種動物，不只能夠體諒，甚至值得讚揚。我應該承認，當時我幾乎不敢相信親眼所見之物。[2]」我能了解這種心情。當我在澳洲墨爾本（Melbourne）的龍柏無尾熊動物園（Lone Pine Koala Sanctuary）看到一頭大大的雄鴨嘴獸時，幾乎不敢相信眼前出現的是真實存在的生物。靠近看，鴨嘴獸更像是精緻的木偶，屬於吉姆．韓森①最偉大的傑作那類。

蕾貝卡．班恩（Rebecca Bain），綽號「貝卡」，她是動物園的首席動物飼育員，也是負責照顧園中兩頭雄鴨嘴獸的人之一。她很好心，讓我私下滿足對動物的好奇心。她發出哨聲，把巢中比較老的雄鴨嘴獸召喚出來。牠具備了河狸的尾巴、鴨子的喙、水獺的腳。雖然牠的這些特徵全都奇怪到無法想像，不過鴨嘴獸還有一個特徵，強壓過其他怪異之處。我就是為了這個特徵才到澳洲來，只為親眼見牠一面。你要小心雄鴨嘴獸，因為在已知的五千四百一十六種哺乳動物中[3]，唯有雄鴨嘴獸才具備毒刺。雄鴨嘴

① Jim Henson，美國著名木偶師，也是知名木偶劇 The Muppets 之父。

獸用位於腳踝的毒刺打架，藉以爭奪雌鴨嘴獸。

目前已知有十二種哺乳動物會分泌毒液，除了鴨嘴獸之外，都是用咬的方式注入。這十二種哺乳動物中，有四種鼩鼱、三種吸血蝙蝠、兩種大獺鼩（solenodon，長吻、鼠狀的穴居哺乳動物），一種鼴鼠、懶猴以及鴨嘴獸。有些證據指出，懶猴其實可以分為四個物種，這使得總數量增加為十五種。即使如此，能分泌毒液的哺乳動物，三隻手就數得完。

就動物的演化譜系來看，能分泌毒液的物種分布於刺絲胞動物門（Cnidaria）、棘皮動物門（Echinodermata）、環節動物門（Annelida）、節肢動物門（Arthropoda）、軟體動物門（Mollusca）以及脊索動物門（Chordata），人類屬於脊索動物門。和其他門動物相比，哺乳動物中能分泌毒液的物種非常少。刺絲胞動物門包括了水母、海葵、珊瑚，整個門中物種超過九千種，全都會分泌毒液。但是如果要比數量，那麼能分泌毒液的節肢動物，包括蜘蛛、蜜蜂、黃蜂、蜈蚣和蠍子，加總起來絕對是壓倒性獲勝。還有能夠分泌毒液的螺類、蠕蟲與海膽。除了以上這些，脊索動物門中也有能分泌毒液的魚類、蛙類、蛇類和蜥蜴。

要冠上「能夠分泌毒液」（venomous）之名，得符合數條明確的要求。許多生物是「有毒性的」（toxic）：這些生物含有某些物質（毒素），這些物質少量就能夠引起顯著的傷害。「能夠分泌毒液」、「有毒性的」、「有毒的」（poisonous）這幾個詞，在日常中彼此是可以交替使用的，現代科學家則對這些詞加以區別。有毒的物種和能夠分泌毒液的物種，的確都是「有毒性的」，因為牠們的身體組織能夠製造或儲存毒素（toxin）。你可能聽說過，任何東西只要劑量足夠，都是「有毒性的」，不過這句話並非完全正確。有些東西大量進入身體之後，的確多少會產生毒性，但若要非常多才能取人性命，那麼這種東西便不是毒素。可樂喝到某個量的確會死人，但是碳酸飲料讓人致死的量實在是太大了（你得一口氣灌下好幾公升才行），所以不算毒素。相反的，炭疽菌（anthrax bacterium）只要一丁點就足以致死。

藉由這些毒素進入受害者體內的方式，可以進一步分類物種是否具有毒性。如果毒素是經由消化道或是呼吸道進入而引起傷害，那麼這種毒素就會被當成是毒藥（poison）。箭毒蛙（dart frog）或河豚（pufferfish）這類「有毒的」物種，必須要等到其他動物犯了錯，才會施予毒素。有些科學家認為，除了「能分泌毒液」與「有毒的」動物之外，還可以細分出第三類具有毒性的動物[4]，稱為「施毒的」（toxungenous）。施毒動物具備毒素，但是比較缺乏耐性，海蟾蜍（cane toad, *Bufo marinus*）或是射毒眼鏡蛇（spitting cobra）就屬於這類。牠們如果被冒犯者激怒，不用等到對方來碰或是來咬才能施予，而是主動噴出毒液攻擊。

生物要能冠上「能夠分泌毒液」這個鼎鼎大名的稱號，非但要具備毒性，同時得有特殊的方式把這危險的玩意兒送到其他動物體內，也就是要以積極主動的手段幹下毒這檔事。毒蛇有毒牙、獅子魚有棘刺、水母有刺絲胞、雄鴨嘴獸有毒刺。

鴨嘴獸的毒刺不容易發現。龍柏動物園的貝卡在同我講解鴨嘴獸與照顧牠們的方式時，我看著鴨嘴獸後腿上淡黃色有如牙齒般伸出的毒刺。這根毒刺約兩、三公分長，比我想像的還要大。被這麼大根的刺給扎到，就算沒有毒，那傷口也夠痛的了。為了拍攝近照，我的手伸到距離那根刺只有十幾公分距離。想到如果被眼前這頭動物刺到會有多痛，就讓我禁不住發抖。

鴨嘴獸的毒既可怕又恐怖。我聽說被鴨嘴獸刺到造成的傷害之痛，猶如經歷一場足以改變人生的深刻遭遇。鴨嘴獸的毒所造成的劇痛會持續數個小時，甚至數天。紀錄中，有位五十七歲的退伍老兵出外打獵時，路上遇見一隻看起來像是受傷又或許是生病的鴨嘴獸。他擔心這頭小動物的安危，便抱起了牠，好心的回報是右手被刺傷了，叫人想死的疼痛讓他在醫院待了六天。頭半個小時的治療中，醫師便使用了三十毫克嗎啡[5]（一般病人的用量通常是每小時一毫克），但是幾乎沒有任何效果。老兵說，這種疼痛遠超過服役時遭砲彈碎片刺傷的疼痛。最後使用了神經傳訊阻斷劑讓整隻手都麻痺掉，才讓他覺得好過些。

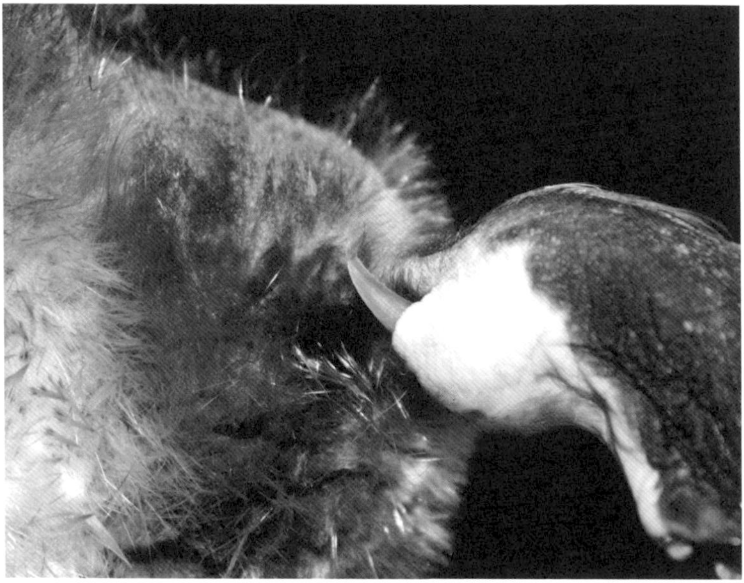

鴨嘴獸的毒刺。
（照片提供：克莉絲蒂・威爾科克斯）

比起其他有毒液的哺乳動物，鴨嘴獸的毒素還有更奇怪的地方。鴨嘴獸的外型奇特，像是從不同動物的身體部位拼湊出來；牠的毒液中含有的各種蛋白質，也像是從其他動物那兒偷來的。在鴨嘴獸的毒腺裡[6]，有八十三種不同毒素的基因表現著，其中有些基因的產物，很像是蜘蛛、海星、海葵、毒蛇、毒魚和蜥蜴所產生的蛋白質，這就像是有人把各種能分泌毒液動物的基因，全都剪貼到鴨嘴獸的基因體（genome）中。鴨嘴獸從內到外，都是趨同演化（convergent evolution）的有力證據。趨同演化是指在血緣關係相距很遠的物種之間，因為受到相近的天擇壓力而產生極為相似的特徵。除此之外，鴨嘴獸獨特的地方在於牠是唯一已知不是把毒液用來獵食或防禦、而是用來爭奪伴侶的動物。

貝卡把那隻雄鴨嘴獸放回巢箱之前，先讓牠發洩怒氣。她拿出一條毛巾，垂在牠身後，鴨嘴獸馬上欣喜地用後腿揪住毛巾，奮力扭打。牠那全力將毒液注入毛巾的模樣，既可愛又可怕。我在心中默默感謝這頭怪異的動物容忍我的出現。我很確定牠心中所想的是，牠抓住的那條不是毛巾，而是我的手臂。

許多動物和鴨嘴獸不同，牠們是以特化的唾腺產生強烈的毒素，然後以針狀的牙齒注射毒液，蛇和大部分的哺乳動物便是如此。不過，懶猴送上毒吻的方式可是與眾不同。這種小型夜行性靈長動物，足以和鴨嘴獸爭奪「地球上最怪異有毒液哺乳動物」的

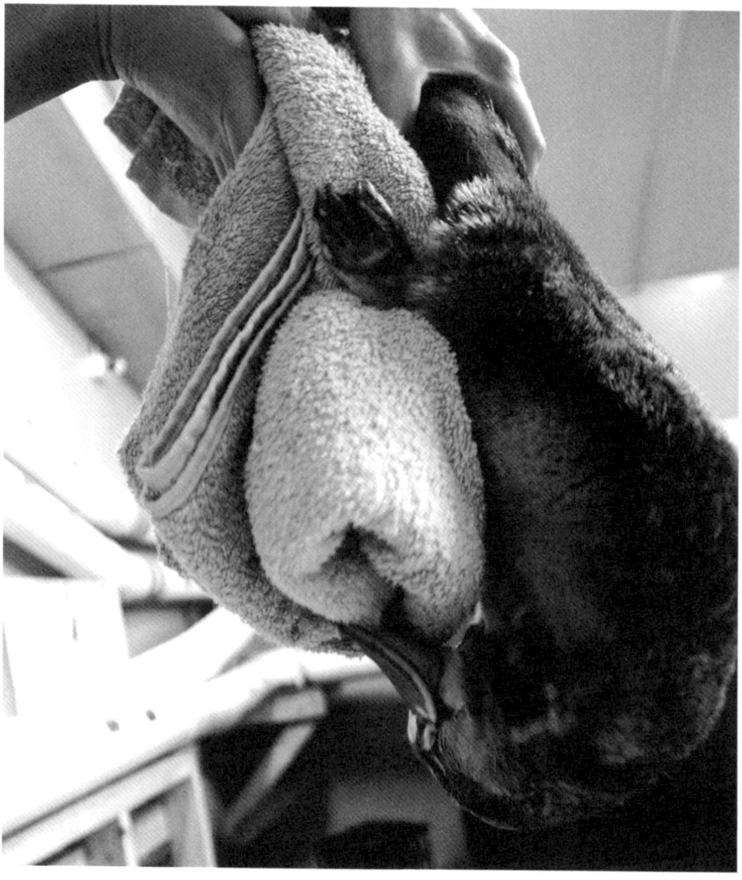

雄鴨嘴獸憤怒地給毛巾注入毒液。
（照片提供：克莉絲蒂．威爾科克斯）

頭銜：牠們有併排成梳齒狀的細長牙齒，齒間的縫隙能夠儲存造成劇痛的毒液。不過在送毒之前，牠們得先從位於肘部的腺體收集毒液。蜘蛛、蜈蚣和許多節肢動物，會藉由毒牙或是變形的口器送上毒液。你甚至可以說某些螺類也能送上毒「吻」：牠們會用髮夾狀的齒舌（radula，這種構造很像是硬化的舌頭）攻擊獵物。

有些動物是用針刺，例如我們熟知的蜜蜂、黃蜂、蠍子，還有能夠分泌毒液的魟魚（也稱為刺魟）。毛蟲、海星和植物有各式各樣的棘刺狀武器，能夠送上劇毒。刺絲胞動物含有「刺絲胞」（cnidocytes），是該門動物才具備的特殊構造。水母、珊瑚和海葵的觸鬚上有這種構造。如果其他生物靠得太近，刺絲胞能馬上射出用顯微鏡才看得到的帶管線細針。我們會想說，刺絲胞是專門用於送毒的系統，但其實刺絲胞的樣式和功能很多，其中只有一部分當作送毒之用，其他只是單純的鉤子或是釋出膠狀物質，用以捕捉獵物。造成傷害的構造分成兩大類，反應出毒液的兩個主要用途：一個是幫助取得與捕食獵物，另一個是對抗掠食者。用途不同，面對的天擇壓力也不一樣，通常導致產生不同的毒液活性。經由咬而施加的毒液主要是為了攻擊，而棘刺往往是防禦適應的結果。當然，這兩類中都有例外：蠍子和水母用刺殺死獵物，懶猴的毒牙則是用於防禦。通常這些物種會善用毒液，在需要的時機用於攻擊或是防禦。

攻擊性毒液多半會造成比較嚴重的生理災難，這類毒液中常含有強烈的神經毒素

（neurotoxin），能夠麻痺要當作食物的對象，或是具有可怕的細胞毒素（cytotoxin），幫助消化眼前的大餐。不過就人類而言，這些毒液的毒性可能非常輕微：如果毒液作用的目標是昆蟲，或是其他體型上與人類相差甚多的動物，那麼毒液中的成分在人類組織所引發的效果可能就與在獵物身上不同。也可能是傳遞毒物的系統沒強到能刺穿人類的皮膚。舉例來說，許多海葵對人類無害，因為牠們所具備的刺絲囊（刺絲胞中「發射」刺絲的構造，具有最常見的刺絲）無法穿透人類皮膚。防禦性毒液含有的神經毒素則不同，通常會造成劇烈且無法消解的疼痛，好用來警告掠食動物說：你找錯當成大餐的對象啦。由於防禦性毒液的主要目的是警告，大多不會致死。

不過，毒液的共通點是它們都很昂貴。我的意思並不是指它們在黑市的價格很高（有些毒液的確能夠賣一大筆錢），而是製造這些毒液得耗費許多能量。動物要製造並且維持劇毒武器，得耗費好不容易才得到的熱量，而這些熱量本來可以用在其他重要的地方，例如生長或繁殖。

科學家從數種不同的證據中，知道製造毒液所費不貲。最明顯的線索可能是在演化樹（evolutionary tree）上那些能分泌毒液的分支（clade）中，有許多物種已經不再製造毒液了。如果毒液在演化過程中好用得不得了，除非是得不償失，否則不會有哪個物種會放棄製造。例如從捕捉活動性強的獵物改為活動性弱的，那麼毒液就沒那麼有用了。

科學家相信，當埃杜西劍尾海蛇（marbled sea snake, *Aipysurus eydouxii*）的攝食行為改成吃卵時[7]，也就失去製造劇毒的能力了。

在許多能夠分泌毒液的分類群中，也有類似毒性降低或喪失的重要例子，紅尾蚺（constrictor snake, *Boa constrictor*）就是如此：有些科學家認為，分泌毒液的爬行動物出現的時間點，是在蛇類與蜥蜴演化分開之前，但是以捲纏方式就能捕捉到足夠獵物的物種，便不再需要送上毒吻了。分泌毒液魚類的支族中，有些並不會分泌毒液，這意味著魚類頻繁地得到又失去了產生毒液的能力。就演化的觀點來看，具備毒性並不值得。

對於所有能分泌毒液的動物而言，有另一件事是確定的：人類對牠們深深著迷。在已知最早的醫療文獻中，部分便詳細描述了受到這些動物螫咬後的痛楚，亞里斯多德（Aristotle）與埃及豔后克莉奧佩托拉（Cleopatra）之流也曾仔細思考過這些動物的用途。羅馬帝國的勁敵、朋土斯（Pontus）國王密特里達提六世（Mithridates VI）[8]，對毒藥與毒物便有無限的熱情，甚至有「毒藥之王」的稱號。十二歲那年父親死於毒殺，因此他年輕時便在尋找能解所有毒藥的萬靈丹。他每天服用少量毒藥，相信長久下去便能對所有毒藥免疫。

追隨在毒藥之王後面的有尼坎德（Nicander，約西元前一八五－一三五年）[9]與蓋倫（Galen，西元一三一－二〇一年）[10]，這兩人都記錄了大量的有毒動物，以及被牠們螫咬後的治療方式。這些醫者咸認毒液與醫藥上的至高權威，到了十五、十六世紀，他們的作品依然廣為流傳，並且翻譯成拉丁文和其他語言。

雖然有許多醫師和作家論及能分泌毒液的動物，但是到了十七世紀才有科學家有系統地研究這些危險的生物。弗朗切斯科．雷迪（Francesco Redi，約西元一六二一？－一六九七年）[11]首先匯集了當時對毒蛇的知識，同時指出毒蛇製造的是毒液而非毒藥，這些毒液要注射到皮膚之下才會致死，如果用吃的則完全無害。到了十九世紀，現代分類學興起，科學家開始將能分泌毒液的動物分門別類。

奇怪的是，雖然科學家最早在一八一六年就已記錄在鴨嘴獸標本上發現到刺[12]，但是對於這種動物是否會分泌毒液，卻爭論了幾十年。巴黎大學（University of Paris）的解剖學與動物學主席亨利．布蘭維爾（Henri de Blainville，西元一七七七－一八五〇年）首先仔細描述了鴨嘴獸的刺以及相關腺體，並提出結論：刺是施放毒液的器官，其目的是為了注入毒素，「就像是毒蛇那樣」[13]。不過在一八二三年，一位匿名的醫學評論家對《雪梨晨鋒報》（*The Sydney Gazette*）保證說：「為了平息那個引起許多爭議的論點，我特別解剖了這種動物，不論是在活體或是死體中，都找不到所謂的毒囊。不只我一個人這樣想：這種動物沒有毒，除此之外，應該也沒有附屬於那根刺的腺體。」[14]

一八二九年，有位律師湯馬士．艾斯福特（Thomas Axford）寫道：「我堅信這種動物無法經由刺來注入毒素。」他甚至進一步說：「我非常確信這根刺沒有毒，所以也不怕被刺傷。」[15]

雖然有許多可靠的中毒報導，但是十九世紀的人們大多認為鴨嘴獸無毒。一八八三年，英國博物學家亞瑟．尼可斯（Arthur Nicols）還嘲笑「鴨嘴獸是有毒的」這個想法，自我感覺良好地駁斥那些關於鴨嘴獸的警語：「黑皮膚的伙伴看到我毫無防備地把玩鴨嘴獸標本上那被誤認為武器的刺，浮現擔憂之情，指出要小心那根刺。這是澳洲原住民對自然史無知[16]的另一實例。」當時的人會看重鴨嘴獸，是把牠當成爬行動物演化為哺乳動物時過渡的物種：這種哺乳動物會生蛋呢！而不是因為鴨嘴獸會分泌劇毒。不過到了十九世紀末，越來越多科學家對毒液產生興趣，因而刺激技術進步，構成現代毒液研究的基礎。當時毒液的科學正在起飛，正好解決了鴨嘴獸是否會分泌毒液的爭議。

早期的科學家會對毒液有興趣，主要是因為這些危險動物在臨床醫療上的重要性。醫療文獻中可以散見各種實驗，有的測定毒性強弱、有的觀察生理反應、有的探究治療成效。現在這些實驗統稱為功能性試驗（functional assay）或生物測定法（bioassay）。這是科學家首次進行可靠的研究，好了解毒液引發的各種效應，這種「效應」通常也稱為「活性」，例如某種毒液是否會殺死細胞，或是刺激肌肉收縮。再以活生生的動物進行實驗，比較各種結果之後，科學家就更清楚哪些毒液侵害的是哪些系統，藉此發展急救方法。他們也開始比較不同物種間類似的毒液，例如同屬的各種毒蛇所分泌的毒液對破壞紅血球能力的高低（壞死性毒液的共通活性），這樣就能分出哪些毒蛇更毒些。

科學家也發現了治療最嚴重螫咬傷的祕密。一八九六年，路易斯・巴斯德（Louis Pasteur）的門生艾伯特・卡默特（Albert Calmette）[17]首先發明了抗蛇毒（antivenom）。當時他人在越南，有次洪水把單眼紋眼鏡蛇（monocled cobra, *Naja kaouthia*）逼進了他所居住的村莊，被咬的人猛然增加，他因此研究治療致死毒傷的方法。他的解決方式是把眼鏡蛇毒注射到馬的身體，接著取出馬血清，注射到遭蛇吻的人身上。這便是首批抗蛇毒。抗蛇毒讓身體的適應性免疫系統（adaptive immune system）製造出能和毒液中的毒素結合的抗體，使得毒素無法造成傷害。每年抗蛇毒都挽救了無數人命，但依然有改善的空間。現代科學家正在尋找泛用的抗蛇毒，好簡化治療過程，並且能在不確定毒蛇種類的狀況下治療也不會導致危險。目前還不清楚這樣的療法能否成功。

蛇毒的研究在十九世紀發生了重大的轉變，可是對於鴨嘴獸的認知還卡在過去的誤解，到了一八九〇年代，鴨嘴獸那根刺到底有什麼功用？這樣的問題才重新浮上檯面。一八九四年，由於被鴨嘴獸毒傷的可靠報告累積得越來越多，《英國醫學期刊》（*British Medical Journal*）挑戰一八三〇年代以後就流行的傳統觀點，大膽提問：「鴨嘴獸有毒嗎？」[18]一八九五年，首次以活體動物進行的實驗[19]終於展開了：從鴨嘴獸的刺所取出的毒液，注射到兔子體內。結果非常明顯：「鴨嘴獸毒液造成的效果，非常近似於澳洲的蛇毒。」用化學方式分析鴨嘴獸的毒液，顯示其中含有能切斷蛋白質的酵素，這類酵素稱為蛋白酶（protease）。研究也發現到為何中毒現象並不一致，因為毒性會隨著季節變化，在生殖季節產生的毒液效果最強，由此可以證明，雄鴨嘴獸分泌毒液是為了爭奪雌鴨嘴獸。

一九三五年，毒液科學家查爾斯．凱拉威（Charles Kellaway）與萊梅厥（D. H. Le Messurier）明確指出鴨嘴獸的毒液近似「微弱的蛇毒」[20]。不過接下來的三十年，鴨嘴獸毒液中的明確成分卻無人研究。這是由於自一九三〇年代起，毒液研究偏離了早期研究者所關注的純粹臨床工作，當年科學家注重的是毒液劑量、人類的中毒狀況與治療方式。雖然還是有很多科學家從醫學的觀點研究毒液與抗毒液，不過在一九四〇與五〇年代出現了新一批科學家，他們進行的是分子機制的基礎研究。科技進步，也讓這些科學家開始了解毒液與其成分的演化過程，因此有了全新的看法：毒液是潛力無窮的藥物。

毒液的研究到了近代才能真正展開，原因之一在於我們缺乏適當的方式去梳理從動物身上取得的天然毒液、區分各種成分。化學家極為擅長區分各種類型的分子，例如把脂質與蛋白質區分出來，但是他們當時無法仔細地把毒液中的成分一一分離。這項工作有些像是處理待洗衣物：科學家能夠分出襯衫與襪子，可是沒辦法進一步照衣物顏色或長短袖分類。有些毒液含有數百種胜肽（peptide，短鏈的蛋白質），可能全都有辦法溶於水中。所以說，用水萃取毒液成分而得到的「水層萃取液」（aqueous fraction）中，可能含有數百種不同的毒性分子。這樣的萃取液注射到小鼠體內使小鼠中毒，也不可能知道哪些毒性分子是罪魁禍首。

幸好在二十世紀初期，俄國科學家米哈爾・塔茲維特（Mikhail Tsvet）發明了分析植物色素的方式：色層分析（chromatography）。這種方式後來發展出許多變化與改良版本，現在科學家可以利用色層分析法分離並確認毒液中的成分。進行色層分析法時，混合物要溶解在液體中，這種混合物稱為「移動相」（mobile phase），要通過具備特定性質的「固定相」（stationary phase）結構，這種結構可能只是一根柱狀材料，溶液只因為重力引導流經其中；也可能具備特別的化學性質，能夠「黏住」特定類型的分子。當混合液流經固定相，其中的分子會因各種微小的差異，諸如大小、立體結構、化學性質等，而有不同的流動速度，科學家更能藉此細分毒液中的成分。

在一九四〇和五〇年代，新的色層分析法發展出來了，稱為高效液相層析法（high performance liquid chromatography，ＨＰＬＣ），這是目前研究毒液最重要的科技。進行高效液相層析法時，柱狀材料的質地比較細緻，並且以高壓取代重力，驅動溶液通過柱狀材料，科學家便能藉以區分毒液中的每一種成分。巧的是，在二十世紀中期，科學家也發明了凝膠電泳法（gel electrophoresis，簡稱「電泳」），用以分開不同大小的蛋白質、DNA或RNA。進行電泳時會用到電場，讓帶負電的分子在凝膠中移動，凝膠的性質會影響部分分子在凝膠中移動得比較快，如此一來，在固定的時間中，不同的分子在凝膠中移動的距離便有所不同。你可以想像，在施加的力道相同時，針會比手指更快插入糖漿中。如果用在分離蛋白質，主要能區隔出不同大小的蛋白質，讓科學家大致了解某種毒液中約有多少相異的蛋白質。在檢驗遺傳物質萃取或增量（amplification）這類的實驗是否成功時，電泳更是方便好用。目前在每個研究毒液的實驗室裡，操作電泳絕對是必備技能。

現代的毒液研究主要跟上述這兩種主要的科技進展走。到了一九七〇年代，全世界的實驗室都有辦法檢驗天然毒液中的各個成分，測試這些成分的活性，然後找出哪些是引發毒液整體效應的主要成分。在這段時期，科學家找到了許多毒液成分，包括從巴西蝮蛇（*Bothrops jararaca*）的毒液中找到卡托普利（Captopril），這種治療高血壓與心臟衰竭的藥物上市後，一直都很暢銷。

彼得．譚普－史密斯（Peter Temple-Smith）讀博士班時，利用新科技確定了鴨嘴獸毒液中的成分以及這些成分的活性，並在一九七三年發表，成為他的博士論文。他經由電泳和色層分析，發現到毒液中至少有十種不同的蛋白質，並且區分出哪些會讓小鼠死亡、哪些只會讓小鼠抽搐。不過他研究的規模受到限制，因為當時的分離方法與生物測定法需要大量毒液，他無法取得足夠量好完成致死測驗（lethality test）。蛇毒很容易得到，可以反覆榨取並且持續穩定產生毒液，少的有數毫升，多的可以累積到以公升為單位。可是其他許多有毒動物的毒液產量很低，只能收集到完成這類實驗所需分量的千分之一，甚至更少。雖然鴨嘴獸每根刺有辦法釋出最多四毫升的毒液，實際要取得那麼多卻非常困難。譚普－史密斯和其他人每次都只能抽取到〇．一毫升[21]，這樣少的量在當時難以進行詳盡的分析。

不久之後，實驗所需的材料量大減——更好的技術出現了，得以讓科學家確定不同分子的形狀與結構，無需大量材料便能進行實驗。改善質譜分析（mass spectrometry, MS）與核磁共振的科學家獲得了諾貝爾化學獎。科學家終於可以藉由進步的科技解析更大、更複雜分子的化學結構，蛇毒中也有這類分子。只要用少量的天然毒液，便足以分析其中的成分，找出引發毒液主要效應的分子，這些效應包括降低血壓、阻礙神經訊息傳遞，或是破壞紅血球。

一九九〇年代，幾位科學家接續了譚普－史密斯未完成的研究工作[22]，他們詳細研究從鴨嘴獸毒液中找到的具有活性的胜肽，其中包括兩種蛋白酶與一種玻尿酸酶（hyaluronidase）。在皮膚和結締組織中，玻尿酸負責把細胞連接在一起。玻尿酸酶能把玻尿酸切斷，使得毒液容易散播。科學家還得知了部分胜肽的胺基酸序列，發現這些序列和毒蛇毒液中的成分很相近。

另一個新科技的出現，徹底改變了科學家研究能分泌毒液動物與牠們所製造毒素的方式：基因體學（genomics）。一九五三年，華生（Watson）、克里克（Crick）、弗蘭克林（Franklin）解析出DNA的結構。第一個DNA定序技術桑格定序法（Sanger sequencing，直到今天依然有人使用此法）在一九七〇年代登場，藉此大量複製DNA片段。最早的完整非病毒基因體定序完成於一九九五年，是一種細菌的基因體。接下來的二十多年，遺傳學和基因體學是科學中進展最快速的領域。高通量（High-throughput）定序技術只需幾個小時便能完成整個基因體定序。常有新的技術發展出來，能夠用更少的時間與金錢得到更多資訊。科學家花費了數年時間及許多經費，才在二〇〇三年完成人類基因體定序。在接下來的五到十年，人類基因體完整定序可能花費不到一千美元。

對毒液的研究而言，遺傳學革命打開了前人沒有想像過的道路。科學家利用基因研究物種之間的演化關連，知道哪些物種的親緣關係比較接近，也有辦法比較毒素和其他蛋白質序列之間的不同，了解毒液的演化過程。而且不光是DNA，科學家也發展出RNA定序的方法。在基因表現的路徑上，這種分子位於DNA與蛋白質之間。研究RNA可以知道哪些基因正在表現。基因體學的發展，讓科學家定序出在毒液腺體中表現出來的蛋白質，不需用到一滴毒液就可以研究其組成成分。藥物公司建立毒液中毒素的資料庫，好研究其中哪些成分足以當成酵素、哪些成分或許能和離子通道這類的「目標」結合（這方面我之後會說明）。研究人員把分析毒液成分的工作與基因體學結合，讓毒液研究變成了「毒液體學」（venomics）。我們藉由這種整合研究，對分泌毒液動物的了解達到前所未有之境，也發現到這些動物的高超生化能力遠遠超乎我們想像。

如果沒有基因體學，我們將無法比較幾十種毒液中的成分，並因此知道一項非常奇怪的事情：某一種哺乳動物毒液中所含的毒素，竟然和石頭魚（stonefish）、毒蛇、海星、蜘蛛所製造的毒素如此相近；也不會知道鴨嘴獸竟是如此奇特的生物。

基因體研究大爆發所帶來的潛在應用，讓科學家大為興奮。澳洲雪梨的毒液科學家卡蜜拉．惠廷頓（Camilla Whittington）與她的同事寫道：「中了鴨嘴獸毒之後的各種異常症狀，顯示出鴨嘴獸毒液中含有各種獨特的成分，這些成分可能有臨床用途。」不過，鴨嘴獸還有些祕密尚未揭露。舉例來說，沒有人知道鴨嘴獸毒液中哪些成分引發了被刺之後難以忍受的疼痛。如果我們能了解其中奧妙，就會更了解鴨嘴獸，也可能有助於了解人類自己。惠廷頓等人說：「有可能讓我們找到新的疼痛受體，可以當作止痛藥的作用目標。」

話說在龍柏動物園，貝卡把害羞的鴨嘴獸放回巢中之後，我站在牠的水箱邊，看著牠游泳找尋蝦子來當早餐。牠在水中像魚那般優雅地翻動扭擺身體。當牠一找到食物，馬上就拿來吃，這時牠可愛的小屁股左右搖來搖去。動物園十五分鐘後才會開放，我現在正獨享這個地方。我想像早期的拓荒者首次見到這種奇特毛獸時，大概就是我現在看到的樣子。如果我是那個拓荒者，應該會迷上這種動物。我可能不理會鴨嘴獸有毒的警告，想要抓起牠來就近觀察。就算是現在我知道這種動物有毒，但依然深受吸引。我和牠的劇毒之間只隔著一面玻璃牆，不過在我和其他惡名昭彰的有毒動物接觸時，可沒有這樣的障礙。

第二章

從死亡中誕生

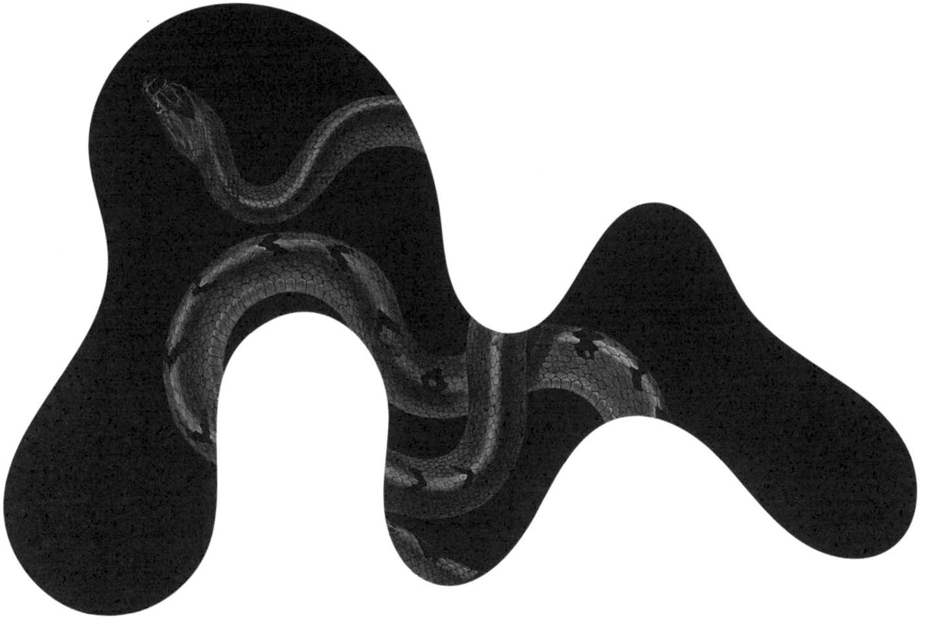

複製、產生變化，最強壯的活下去，最弱的死亡。
——查爾斯・達爾文 CHARLES DARWIN

一九九七年七月二十九日，柳原安潔兒（Angel Yanagihara）如同之前許多個早晨那樣，踏入水中[1]。這個將近兩公里長的游泳路線，她不記得自己游過多少次了，非常自在。這時的她自信滿滿，剛在夏威夷大學瑪諾亞分校（University of Hawaii at Manoa）完成博士學業，等著首次以「博士」身分度過夏天。因此，當有個陌生人指出海灘邊有許多手掌大小的團塊隨著浪潮來來去去，告誡安潔兒有很多箱水母（box jellyfish）、別下水游泳時，她並不理會這個警告。她身穿包裹著軀幹、手臂和大腿的泳衣，覺得這樣沒有問題。在游到一半之前，的確是沒有問題。

安潔兒朝岸邊游回去時，遇到一群箱水母，她的脖子、手臂和腿部都受到水母細長的觸鬚螫傷。她渾身疼痛，掙扎著要遠離這群帶刺的動物。由於她的肺中充塞著液體，呼吸逐漸困難，每划動一下都讓她上氣不接下氣。她後來說：「最奇怪的地方是，掛點的感覺鋪天蓋地而來。」她好不容易才走到最近的房子，拿用來打緊急電話的銅板敲門，接著便失去了意識。

她醒來時，發現自己在救護車上，周圍都是醫護人員，他們用醋、肌肉鬆弛劑加上熱水沖洗來處理螫傷，還建議她去急診室。安潔兒認為這太誇張了，所以她簽署了切結書，表示不接受醫療建議，自己回家了。但是水母的毒液還沒作用完畢。她告訴我：「接下來幾天，我感到非常痛，只能在床上度過，找不到人幫我買止痛藥。」發癢的鞭痕過了四個月才消失。安潔兒是生化學家，她很好奇是哪些毒素引起這些不堪的痛苦，但是沒有人知道，沒有人純化或找出夏威夷箱水母所分泌的劇烈毒素。所以三個星期之後，安潔兒申請了研究經費，打算自己來找，從此栽入研究水母毒液的世界。

箱水母是刺絲胞動物門中毒性最強的物種。刺絲胞動物門包括了水母、珊瑚和海葵，屬於最早出現的動物支系。大約六億年前[2]，在骨骼、外殼和腦出現之前，就和其他的動物分道揚鑣了。身為掠食動物，刺絲胞動物缺少了我們所認知的標準武裝，而是在觸鬚上布滿許多含刺的細胞，能在剎那間送出致死的毒液[3]。

安潔兒最早的大發現是知道了箱水母毒液中最致命的成分為造成孔洞的蛋白質，稱為孔蛋白（porin），能在細胞膜上打出孔洞[4]。她在箱水母身上所發現的孔蛋白，會在紅血球上穿孔，使得紅血球中的鉀流出來，然後血紅素也流了出來[5]，最後紅血球破裂。這樣的細胞破裂稱為溶解作用（lysis），接下來會造成更嚴重的後果，那些鉀的釋出才是水母的致命之處。孔蛋白使得血液中的鉀大量增加，在幾分鐘之內便讓心血管系統崩潰。其他與箱水母類似的水母所製造的孔蛋白也已經找出來，研究其特性並且加以定序了。孔蛋白是一種古老的毒素，和細菌中的孔蛋白很相似。不過箱水母的毒液裡還有許多其他成分，包括類似蛇製造的蛋白質和蜘蛛製造的酵素[6]。

美國國家科學基金會（National Science Foundation）把箱水母中最大的澳洲箱水母

（*Chironex fleckeri*）稱作「地球上最毒的動物」[7]。這是什麼意思？是能產生最致命的毒液嗎？每個研究毒液的科學家，在其生涯中都會被問及這類問題。這是一種有既定觀點的提問。我們在談論毒液強弱時，都是想著對人類的毒性高低。拿份報紙，看一下跟分泌毒液動物有關的新聞標題，不論這則新聞說的是小男孩在野外活動時被毒蛇咬了，或是發現了一種新毒蛙，怎樣都好，吸引人注意的永遠是這個動物有多毒。那些看似體型小又脆弱的動物，具有擊敗人類的力量，想到這就讓人惴惴不安。箱水母不過就是一團黏呼呼的玩意兒，卻有辦法在五分鐘內殺死一個人。我們可能不經意踩死蜘蛛或蠍子，而有些蜘蛛或蠍子的毒液也可以輕易殺死人類。

毒液所造成的威嚇在演化上至關緊要。當某個個體生存和繁殖能力超越其他個體，天擇便會發揮作用。任何會直接造成生存的變化，都會對物種帶來深遠的影響，並且可能左右這個物種的演化。能分泌毒液的動物和某些物種的關係極為緊密，特別是被當成獵物的物種。但是那些毒液對於非獵物的物種而言也一樣致命，因此分泌毒液的動物也影響了獵物以外物種的演化。很多時候這些物種包括了人類。在生態系裡許多複雜的交互作用中，這些動物占有重要的地位，並且影響了地球上的其他物種。

所以說，哪種毒液最為致命，受到幾種因素的影響。最簡單的答案是：能直接注入身體中的毒液最為致命。安潔兒在那天清晨便得到了慘痛的經驗，水母的刺差點殺死了她。有數種科學方法可測量「致死性」（deadliness）的高低，最常用的量表是半致死劑量（median lethal dosage），簡寫成LD_{50}。LD_{50}是指能殺死一半實驗動物所需的毒素劑量，通常以毫克／公斤表示：一毫克／公斤的劑量代表在兩公斤的動物身上要施用兩毫克毒素。實驗動物通常是大鼠或小鼠，但是科學家在測試不同的毒素時，也會使用到蟑螂或猴子等各種動物。

LD_{50}是毒性高低的約略值，某個成分的LD_{50}越低就越毒，表示只要些許劑量就會有致命的效果。水的LD_{50}[8]高於九千毫克／公斤，所以被認為是無毒的，但要是一口氣喝下六公升以上，就可能會致命（不建議嘗試）。肉毒桿菌毒素（botulinum toxin）的LD_{50}估計約為一奈克／公斤[9]（奈克是毫克的百萬分之一），是已知對人類最強的毒素。僅六十奈克的肉毒桿菌毒素就可以讓一般人死亡；只要一小把平均施用下去，就可以殺死全世界的人類。但是許多名流或是太在意皺紋的人，喜歡把少量（例如十分之一奈克）這種化合物（藥名為保妥適〔Botox〕）注射到前額。

使用LD_{50}的麻煩之處，在於這個數值只和「致死」有關。實際上，施用的方式會影響LD_{50}的高低（例如注射到實驗動物的靜脈或是肌肉中），也牽涉到實驗的物種。在五十三頁的表格中，實驗動物是小鼠，即使如此，施用毒素的方式依然重要。如果科學家把最致命毒蛇海岸太攀蛇（coastal taipan, *Oxyuranus scutellatus*）[10]的毒液，直接注入

門	動物演化支系	代表物種	學名	LD_{50} mg/kg (方式)
刺絲胞動物門	海葵、水母	澳洲箱水母	*Chironex fleckeri*	0.011(i.v.) [11]
節肢動物門	蜘蛛	黑寡婦	*Latrodectus mactans*	0.90(s.c.) [12]
	蠍子	肥尾蠍	*Androctonus crassicauda*	0.08(i.v.)–0.40(s.c.) [13]
	蜈蚣	（無俗名）	*Otostigmus scabricauda*	0.6(i.v.) [14]
	蝶與蛾	（無俗名）	*Lonomia obliqua*	9.5(i.v.) [15]
	蜜蜂、黃蜂、螞蟻	馬里科帕收割蟻	*Pogonomyrmex maricopa*	0.10 (i.p.)–0.12(i.v.) [16]
環節動物門	蠕蟲	肉冠火刺蟲	*Hermodice carunculata*	未確定
軟體動物門	螺類	地紋芋螺	*Conus geographus*	0.001–0.03(人類身上的估計值) [17]
	章魚、烏賊	藍圈章魚	*Hapalochlaena* 屬	未確定
棘皮動物門	海膽	白棘三列海膽	*Tripneustes gratilla*	0.05(i.p.)–0.15(i.v.) [18]
脊索動物門	刺魟	哈氏扁魟	*Urolophus halleri*	28.0(i.v.) [19]
	魚類	毒鮋魚	*Synanceia horrida*	0.02(i.p.)–0.3(i.v.) [20]
	兩生類	布魯諾盔頭蛙	*Aparasphenodon brunoi*	0.16(i.p.)– > 1.6(s.c.) [21]
	眼鏡蛇	印度太攀蛇	*Oxyuranus microlepidotus*	0.025(s.c.) [22]
		海岸太攀蛇	*Oxyuranus scutellatus*	0.013(i.v.)–0.11(s.c.) [23]
	蝮蛇	小盾響尾蛇	*Crotalus scutulatus*	0.03(i.v.) [24]
	哺乳動物	北美短尾鼩鼱	*Blarina brevicauda*	13.5–21.8(i.p.) [25]

毒性強度表：用LD_{50}的方式測量那些最強的分泌毒液動物的毒性，如果沒有另外說明，接受測驗的動物是小鼠，括弧的縮寫代表施用毒液的方式：s.c.＝皮下注射、i.p.＝腹腔注射、i.v.＝靜脈注射

小鼠的靜脈中，那麼 LD_{50} 為〇・〇一三；如果使用皮下注射，毒性便降了幾級[26]，LD_{50} 變成〇・〇九九，相差幾乎十倍。此外，我們還沒有測量所有有毒物種的數值，內陸太攀蛇（inland taipan, *Oxyuranus microlepidotus*）與海岸太攀蛇的親緣關係相近，但是我們不知道哪一種比較毒，因為前者的毒液只進行過皮下注射測試，還沒有靜脈注射的 LD_{50} 資料。

進行 LD_{50} 的測量，需要小心地取得毒液，然後在實驗室中研究毒液的效應。科學家已經研究了很多種能夠分泌毒液的動物，依然還有一些尚未寫在科學文獻上，牠們可能是世界上最毒的動物。藍圈章魚（blue-ringed octopus, *Hapalochlaena*）的毒液中，最主要的成分是河豚毒素（tetrodotoxin）[27]，這種毒素的 LD_{50} 是〇・〇一二五毫克／公斤，可是沒有人測試過天然毒液的強度。安潔兒被夏威夷箱水母（Hawaiian box jelly, *Alatina alata*）[28]所刺傷，牠的孔蛋白 LD_{50} 範圍為〇・〇〇五到〇・〇二五毫克／公斤，可是沒有人知道一條帶刺的觸鬚會施加多少毒素。類似的狀況還有砂葵（zoanthid），這一類珊瑚具有沙海葵毒素（palytoxin）[29]，這種毒素的 LD_{50} 為〇・〇〇〇一五毫克／公斤，是地球上最毒的物質之一，但是為何這種毒素會出現在毒液中而非散布在全身（用以對抗掠食者），依然是個謎。許多動物所分泌的毒液還未進行過 LD_{50} 測試。喇叭毒棘海膽（flower urchin, *Toxopneustes pileolus*）的毒液可能是地球上最毒的了，是已知唯一會致人於死的海膽，與牠親緣關係相近的是白棘三列海膽（collector urchin, *Tripneustes gratilla*），將其毒素以腹腔注射方式得到的 LD_{50} 推估為〇・〇五毫克／公斤，但是沒有人進行過實驗。令人懼怕的伊魯坎吉水母（Irukandji jellyfish）是箱水母的一種，大小不到兩公分，能夠引起伊魯坎吉症候群（Irukandji syndrome），惡化時會造成大腦出血而致死。除非我們真的知道是哪些水母引起這種症狀（目前找到至少有十六種水母[30]是罪魁禍首），並且收集到足夠多的毒液好進行致死劑量實驗（這並不容易，因為有些物種只有拇指頭大小），無法知道牠們真實的毒性有多高。

由於 LD_{50} 是在小鼠或大鼠身上測試而得，並不絕對表示那些毒素對人類而言就是那般危險。不同的物種對毒液的反應各自不同。舉例來說，天竺鼠對黑寡婦蜘蛛毒液的敏感程度，要高出小鼠十倍[31]，高出蛙類兩千倍。某種動物的毒液對大鼠的 LD_{50} 低，並不表示你被那種動物螫咬後一定會死；LD_{50} 高也並不表示對人類安全無虞。研究致死性較好的方式，或許是比對個案的死亡率：人類的死亡百分率。例如每年被澳洲箱水母螫傷的人類，有百分之〇・五會死亡[32]。即使是可怕的內陸太攀蛇，由於抗毒素已經在一九五六年發展出來，實際上已經不再高度致死了（在此之前，造成的死亡率幾乎達百分之百）。

青環蛇（common krait, *Bungarus caeruleus*）與眼鏡王蛇（king cobra, *Ophiophagus han-*

nah）致人於死的效率就高多了。這些大型毒蛇的毒液是由短而且固定的毒牙所施用（與蝮蛇長而且可以收摺的毒牙不同），並非只要一滴就能要人命，不過這樣的短處可以由分量來彌補。眼鏡王蛇咬一口時可以送出七毫升毒液，足以殺死二十個人。科學家估計，被毒蛇咬的死亡率是百分之二[33]，但是被眼鏡王蛇咬的死亡率在百分之五十到六十之間[34]，相當致命。被青環蛇咬的死亡率也很高，大約在六成到八成之間[35]。

被這些夜行性毒蛇咬到，幾乎不太疼，受害者會誤認為沒什麼大不了，但是幾個小時之後，逐漸產生的麻痺會造成窒息，這時受害者才了解到應該馬上尋求醫療協助，注射青環蛇抗毒液。

只有少數產生毒液的動物具有毒蛇般的殺傷力。天蠶蛾中 *Lonomia* 的幼蟲值得一提[36]，因為牠有百分之二．五的致死率（在該幼蟲的抗毒素於一九九〇年代中期製造出來以前，這看來無害的毛蟲致死率高達兩成）[37]。不過提到致死率，在無脊椎動物中勝出的是全世界最致命的螺類殺手芋螺（*Conus geographus*），高達七成[38]。這樣高的死亡率來自於致死的速度，受害者在幾分鐘之內就會因遍及全身的麻痺而死亡。

致死率能較正確地反應這些毒液有多危險，但仍無法呈現全貌。目前毒蛇之所以在致死率中排名比較低（除了某些例外），是因為人類發展了有辦法對抗毒吻的抗毒素。同時，以死亡率來判定毒蛇的致死性是有侷限的，因為大部分的狀況，會不會死亡取決於能否受到醫療照顧，死亡率並無法讓你知道被殺死的可能性會有多高，因為死亡率無法顯示出你遭遇到這些動物的頻率。舉例來說，如果我被芋螺的齒舌刺傷了，高達七成的死亡率的確讓人擔心，但是被芋螺咬到的機會有多大呢？

最符合生態與演化道理的致死性計算方式，是看看這種分泌毒液的動物每年造成多少人死亡，這樣就能計算出每個人死於該種動物的風險高低。即使在今日，毒蛇依然位於前段班。印度四大毒蛇：鎖蛇（Russell's viper, *Vipera russelli*）、鋸鱗蝰（saw-scaled viper, *Echis carinatus*）、印度眼鏡蛇（Indian cobra, *Naja naja*）和青環蛇，每年殺死數萬人之譜[39]。如果光就 LD_{50} 來看，這些蛇的毒液並沒有特別厲害，其中兩種的致死率低，有些眼鏡蛇毒液的強度還是這四大毒蛇的三十到一百一十倍。但是這四大毒蛇都會在人口密集地區和周圍區域中出現，很容易接觸到人類，因此有很多人被咬。雖然這四種毒蛇都有抗毒液，但是許多居住在貧窮社區的人被咬，他們不容易獲得醫療救助。被這些蛇咬雖然能治療得好，不過還是有人死亡。非洲撒哈拉沙漠以南的地區也有類似的情況，那些造成數萬人死亡的蛇，如果以總致死量以外的方法來計算，都算不上特別「致命」。以 LD_{50} 測量出來那些最毒、最容易致死的毒蛇，往往棲息在偏遠、人跡罕至的區域，因此很少咬傷人，造成死亡的案例便相當少見。

有些毒蛇殺死的人類數量比自然發生的要多，是因為有人類當共犯。雖然犯罪者也會面臨中毒的危險，用分泌毒液的動物進行暴力犯罪由來已久，而且時常發生，因此有些古代文化對這樣的犯罪還有特別的處罰。古老的印度法典[40]中記載：「若有人刻意將毒蛇或其他能螫人致死之物丟入他人房舍」，將會被罰一大筆錢，更重要的是還得「親手把那條蛇移除」。在孔雀王朝時期（西元前三二一年到一八五年），有一種傳說中的刺客「毒之少女」（Vish Kanya）[41]，她們出生之後就常遭蛇咬，因此血液和唾液中都充滿毒素，一吻之下便能致人於死。

時至今日，我們依然想要把一些罪過推給那些分泌毒液的動物。在湯馬斯．波頓（Thomas Burton）的《毒蛇與靈魂》（*The Serpent and the Spirit*）這本書中，講述了格蘭．桑莫福特（Glenn Summerford）的故事[42]。他曾有段暴力行為和藥物濫用的歲月。一九八二年，格蘭好像捨棄了這段過往，突然投入上帝的懷抱，成為牧師。他擅長弄蛇，一九九一年，他成為阿拉巴馬州斯科次波羅「神蹟相隨基督教會」（Church of Jesus Christ with Signs Following）的本堂牧師。信眾認為他受到神的庇佑，因為他可以把大隻響尾蛇掛在肩膀上、小隻響尾蛇放在口袋中。信眾相信他的禱告能保護他不受劇毒侵害。他的妻子達蓮娜（Darlene）也擅長弄蛇，會把最喜歡的蛇的照片放到皮包中，一如母親帶著兒女的照片。這對夫妻在屋邊的小棚裡飼養十幾條毒蛇，包括西部菱斑響尾蛇（western diamondback, *Crotalus atrox*）和森林響尾蛇（canebrake rattler）。雖然在追隨者眼中，格蘭是名信仰虔誠的牧師，但是他內心深處的邪惡卻沒有完全消失。一九九二年二月，他被送上了法院，罪名是意圖用毒蛇謀殺他人。

從表面上看，藉由毒蛇進行謀殺是樁完美犯罪，畢竟只要看起來像是意外事件，就沒有人會想到是謀殺。大家都知道，這些能分泌毒液的動物是意外死亡的原因之一，凶手只要找到方法讓致命的毒蛇、蜘蛛或是蠍子去咬被害者，就神不知鬼不覺了。唯一的小問題是要能夠取得這些致命的動物並且安置好，在犯罪時刻拿出來用。這對格蘭不成問題，他手邊就有蛇可用。

根據達蓮娜的說法，一九九一年十月[43]，格蘭喝醉了，醉得非常厲害，他抓住達蓮娜的頭髮，用槍指著她的頭，把她拖到蛇棚，強迫她把手伸進有條西部菱斑響尾蛇的箱子中。蛇自然咬了她。在她手腫起來時又命令她幹各種差事：到出租店還錄影帶、去買酒等等，然後載她回家，再次拖她到蛇棚去觸碰一條憤怒的森林響尾蛇。毒液沿著血管散播，她倒在沙發上，失去意識。他強迫她寫下兩張遺書，然後就醉倒了。達蓮娜趁他昏睡時，爬到廚房打電話給姊姊求救。達蓮娜在醫院住了幾天，最後活了下來。

格蘭的說法當然完全不同[44]。他說：「我認為她在我睡覺時想拿一條蛇來咬死我。」他指出他的妻子不忠，想要結束婚姻，卻又不想在離婚程序中揭露不貞的行為。妻子趁他睡覺時，想抓一條蛇來咬死他，她是去拿蛇的時候被咬的。「不過我沒有證據能夠證明。」陪審團站在妻子這邊，格蘭因為意圖謀殺妻子而判入獄九十九年。沒有人知道那些蛇後來怎樣了。

還有些用毒蛇謀殺不成的例子，但並不出名。一九四二年，羅伯特・「響尾蛇」・詹姆斯成為美國加州最後一名受絞刑的人而在歷史上留名[45]。在保險理賠調查中發現他謀殺了自己的第三任妻子而獲判有罪。詹姆斯把謀殺布置成像場意外：向朋友買了一些響尾蛇，讓這些蛇咬妻子的腿，但是過了幾個小時，他的妻子並沒有死。他等不下去，於是把她淹死在浴缸中，然後丟到魚池，希望這樣看起來像是意外事件。

如果你不想冒自己被咬的危險，還可以雇用比較熟悉毒蛇的人幫你殺人。在印度，有個人為了爭奪家產，雇了綁匪和弄蛇人殺死年長的雙親[46]。根據警方的說法，雙親和他們的司機遭到綁架。司機被安排到另一輛車，弄蛇人坐在乘客座位上，誘使一條印度眼鏡蛇咬老夫婦。兩人馬上癱倒，歹徒告訴司機要載兩人去醫院，並且得說是被蛇咬了。老夫婦幾個小時後死於蛇毒，不過兒子與同夥後來被捕並且判刑。印度法律規定，買凶殺人事件中，所有的犯人都同罪。

刻意用毒蛇致死的狀況不只發生在謀殺案中。傳說埃及女王克莉奧佩托拉自殺的方式，便是讓小型毒蛇（最有可能是埃及眼鏡蛇〔Egyptian cobra, *Naja haje*〕）咬自己的手臂。羅馬的統治者屋大維（後來稱為奧古斯都）很喜歡這個故事，特地繪製了她被蛇纏繞的畫像[47]，拿來遊街示眾，好誇耀自己在戰爭中擊敗了她。對於一位偉大的女王而言，埃及人認為這樣的死亡方式是高貴合宜的，因為死於蛇吻可以讓人的靈魂不朽[48]。在亞歷山大時代，人們認為死於蛇吻是仁慈的處死方式[49]；不過在其他的文化中，例如中國和印度，十惡不赦的罪犯才會以毒蛇處刑。歐洲人會準備滿是毒蛇的大坑，用來處死最殘酷的罪犯，包括聲名狼籍的維京入侵者朗納爾・洛德布羅克（Ragnar Lothbrok）[50]——他在英國鄉間燒殺擄掠，害死了無數人。

幸好我們最早的醫學文獻中，找到了對於被毒蛇所咬的治療方式，不過就算到了今日，有了抗毒素和現代醫療技術，每年還是有十萬人死於蛇吻[51]。這個數量之大，讓我們打心底害怕這種舌頭末端分叉的動物。在古代，這種恐懼造就了崇敬。最早的文化崇敬蛇類；就連在伊甸園中的蛇[52]雖然是邪惡的，但也代表了知識。在許多亞洲的傳統文化中，蛇代表著智慧和優雅[53]。

從演化的觀點來看，這份崇敬可能其來有自：毒蛇讓那麼多人死亡，因此對人類的演化造成許多影響。如果你問美國加州大學戴維斯分校（University of California, Davis）的人類學教授琳恩・伊斯貝爾（Lynne Isbell），她會說這影響非常深遠。她曾經寫過一本書，指出蛇類可能是驅動人類具有大腦袋的演化力量。

對於人類為何會演化成現在這種以雙足步行、全身只有少數區域有濃密毛髮、具有智能的動物，科學家至今依然爭論不休。也有許多理論想要解釋人類的腦為何比其他哺乳動物的腦大得多。其中最廣為接受的理論指出，靈長類身為在樹上生活的動物，需要敏銳的視覺來引導抓取的動作，這項重要能力的副產物便是發展出比較大的腦。手的動作和視覺協調得好，才能夠順暢運動，同時更容易取得食物，也就是花和果實——當時，現代植物的祖先才剛開始產生花和果實。因此視覺才是重點：加大的腦不是演化來思考或推理的，而是用來快速處理視覺資訊。其他類群的哺乳動物強化嗅覺或是聽覺，而靈長類哺乳動物強化的是視覺。

靈長類在樹上生活，偏好吃果實，或許因此促進了視覺系統的發展，但伊斯貝爾率先提出真正讓視覺變得更敏銳的[54]，其實是掠食壓力。這個掠食壓力不只是蛇造成的——數百萬年來，蛇就一直在捕食哺乳動物，正如伊斯貝爾認為的，這種關係有助於哺乳動物類群演化出較佳的視覺。伊斯貝爾提出了「蛇偵測理論」（Snake Detection Theory）。這個理論指出，當人類的遠祖在演化道路上與狐猴以及其他靈長類分開時，蛇這種一直都存在的掠食者也發生了變化，人類遠祖被迫適應。大約在六千萬年前的亞洲或是非洲，蛇變得更毒（科學家還無法確定為何會發生在這個時間與地區）：蝮蛇科（Viperidae）與蝙蝠蛇科（Elapidae）的毒蛇出現了。

這些毒蛇具備更精良的毒液施放系統，注射毒素更有效率。能夠毒殺人類的蛇幾乎都屬於這兩科。蝮蛇科種類的毒蛇通常就叫蝮蛇（viper），具有長毒牙，包括眾所皆知的響尾蛇和惡名遠播的龜殼花（pit viper），以及所有在舊大陸（歐亞非三洲）的「真蝮蛇」。蝙蝠蛇科也稱為眼鏡蛇科，包括內陸太攀蛇和黑曼巴（black mamba），其毒性強壓地球上絕大多數毒蛇。這些科的蛇類出現後，靈長類動物和蛇類之間的關係改變了。這種滑行而動的野獸造成的威脅變得更大。蛇也改變了狩獵方式：靜止不動，直到最後一刻才發起攻擊。如果靈長類動物能偵測到這些總是隱藏起來的掠食者，便能生存下來繁殖。偵測這些掠食者需要敏銳的立體視覺，並且要能識破蛇的絕佳偽裝。

所有的靈長類動物都擅長找出蛇，狹鼻小目（Catarrhini）的靈長類動物比同儕更長於此道，人類的遠祖也屬於這一小目。這說法有道理，因為靈長類的另一支闊鼻小目（Platyrrhini）比那些毒蛇還要早抵達新世界（美洲），因此那些在南美洲的靈長類沒有遭受到需要增進視力的演化壓力。到了一千兩百萬到三千兩百萬年前，那些致命的毒蛇才趕上了闊鼻小目。如果伊斯貝爾的假設是正確的，那麼我們可以預想，新世界猴類[55]因為沒有來自蛇類的巨大壓力，不同的物種間視覺系統應該可以有更多變化；那些留在舊世界的靈長類（包括猿類）沒有得到這樣壓力暫緩的時間，視覺系統則相當類似，也都擅長偵測蛇類。

包括人類在內的所有靈長類動物，本性上就懼怕蛇類[56]，也非常擅於找出牠們。人類能在萬物雜陳的環境中偵測出隱藏的蛇類，也會注意到出現在視野邊緣的蛇類。我們偵測出蜘蛛[57]和其他危險動物的能力就沒像偵測蛇那麼強。在還沒了解看到的是蛇之前，我們就已經知道了，這種現象稱為「前意識偵測」（preconscious detection）。在電腦螢幕上以快到無法清楚辨識的速度閃現蛇的影像時，人們會出現焦慮的生理反應；但是對蘑菇、花朵等不具威脅的生物影像，便沒有這樣的反應[58]。凡此種種都指出人類的眼睛與視覺神經系統都已經調整過，好讓我們避開蛇類。

人類的祖先住在樹上，以食用果實為生，這使得靈長類以視力偵測掠食者的改進程度超出其他感官（例如嗅覺）。不過根據「蛇偵測理論」，這份演化壓力來自於致死的毒蛇。由於這樣的視力改進需要複雜的神經系統，於是我們的腦子變大了。除此之外，飲食中富含碳水化合物，讓我們變大的腦子有能量得以運作。由於有那些分泌毒液的蛇類存在，我們遠祖這個支系便持續演化出更大的腦。伊斯貝爾的假設是[59]，這條演化道路的最後一步是以雙足步行，這樣人類祖先的雙手便空了出來，可以更有效地結合手勢與視覺，導致語言的產生。有了語言，便能發展出更複雜的社會，後者又使得人類有

雖然響尾蛇有良好的偽裝，但是人類仍毫不費力就能看出牠來。
（照片提供：奇普．科克蘭）

更大的腦。之後的事情就如同人們常說的那樣，已經是歷史了。

人類和蛇類之間的關連從遠古時代就已經開始了，而蛇類目前依然是最致命的有毒動物。但是，如果要算每年的致死人數，蛇類還算不上最厲害的。在這項統計上贏得冠軍的是出乎意料的黑馬。你會想，那是黑寡婦所屬的蜘蛛類嗎？差得遠了！不起眼的蜜蜂呢？事實上在美國，蜂類每年造成的死亡人數[60]，超過死於蛇類、蠍子、蜘蛛總和的十倍。大多數人都料想不到，在地球上最致命的有毒動物爭奪戰中，膜翅目動物（Hymenoptera，包含蜂類和蟻類）居然夠資格加入競爭的行列。就每年的致死數量而言，牠們確實有競爭的實力。膜翅目動物取人性命的數量並非來自 LD_{50} 低或是高致死率，而是極高的螫人率。在這些昆蟲的毒液中，有些蛋白質會引起強烈的過敏反應，因此經常有人死於螫咬後引發的過敏性休克。不過膜翅目動物依然不是冠軍。有一群會分泌毒液的動物每年造成數十萬人死亡，遠超過其他類群動物的十倍以上，也超過人類每年相殘的人數。這群動物來自蚊科（Culicidae），也就是蚊子。

蚊子的毒液是用來讓牠們更容易吸到血。蚊子製造血管擴張劑（vasodilator，讓微血管擴張，增加血液的流動速度）、抑制凝血和對抗血小板功能的成分，這樣牠們刺傷的傷口才能保持開啟，有利於吸血。毒液中的抗發炎分子能阻止免疫系統傳遞遭受蚊子叮咬的訊息。蚊子的毒液完全配合了牠們吸血的生活形式[61]。我們通常在蚊子吸飽了血飛走之後，才發覺被叮了。在急性毒性高低比較上，蚊子的毒液幾乎是無害的，致死率也相當低，我一生當中被蚊子叮咬了無數次，依然活蹦亂跳。只有極少數人受到叮咬後會產生真正的過敏反應，因此急性過敏反應也不能算是牠們有意傷害。蚊子毒液致死之處不在於毒液本身，而是毒液中隱藏的病原體：瘧疾（malaria）、登革熱（dengue）與黃熱病（yellow fever）等，都是以蚊子為媒介傳染的。

雖然蚊子造成的死亡絕大部分來自利用牠們搭便車的其他生物，但如果蚊子不會製造毒液，就無法成為完美的疾病媒介。毒液讓這些病原體得以自由進入人類的循環系統。在蚊子注入毒液時，牠們攜帶的病原體才能進入倒楣的宿主體內。因此蚊子傳遞疾病所造成的死亡，根本上要歸咎於牠們會分泌毒液這件事。

這樣的死亡人數非常多。每年有六十多萬人死於瘧疾[62]、三萬人死於黃熱病[63]、一萬兩千人死於登革熱[64]、兩萬人死於日本腦炎[65]（Japanese encephalitis）。除此之外，還有屈公症（chikungunya）、西尼羅腦炎（West Nile）、裂谷熱（Rift Valley fever）以及其他腦炎。我們還要把淋巴絲蟲病（lymphatic filariasis）算進來，這個疾病雖然不會致死，但讓四千萬人身體受損[66]，無法過正常的生活。蚊子傳染的新疾病持續出現，例如茲卡病（Zika）。蚊子每年造成的死亡人數之多，會讓你想要一舉把地球上所有蚊子趕盡殺絕。

事實上，著名的科學期刊《自然》（*Nature*）曾經詢問過一些科學家[67]：如果我們把蚊子給滅絕了，會有什麼後果？有些科學家覺得沒有多少改變，不過其他科學家則指出，如果沒有了蚊子，掠食壓力一定會轉嫁到其他昆蟲身上，後果可能不堪設想。在水域生態系中，孑孓占了生物質量的很大部分，是溼地生態系的一分子。雖然對絕大多數的物種而言，孑孓並非唯一的獵物，但是經常以孑孓與蚊子為食物的魚類、蛙類和蝙蝠來說，那麼多食物消失了，肯定會有感覺。同樣地，依靠蚊子傳粉的植物，就算沒有因此滅絕，繁殖也會受到限制。

也許最大的影響可能還是在於牠們的吸血行為。在北極，有些地區蚊子密度之高，足以讓北美馴鹿群改變遷徙路線，好避開這些蚊子。這些吸血的昆蟲每天能從一頭馴鹿身上吸取三百毫升的血[68]，相當於一罐易開罐飲料的分量，也難怪馴鹿要長途跋涉避開牠們了。數千頭麋鹿成群遷徙，會踐踏所走過的土地，路徑就算只是些許改變，也會造成劇烈的影響。北極會因為蚊子消失而受到影響，其他地方也可能發生同樣的事。

有的時候我們可能會贊同讓蚊子消失。鳥類的瘧疾已經和人類的瘧疾一樣，成了嚴重的問題。舉例來說，蚊子最近才被引入夏威夷，當地的鳥類之前沒有理由會畏懼這種吸血昆蟲，但是蚊子帶來了疾病，目前夏威夷在蚊子能夠生存的海拔以下，所有當地原生的鳥類已經絕跡[69]。高海拔地區因為比較冷，蚊子無法生存，所以鳥類便住到沒有蚊子叮咬的區域。在夏威夷群島中，只有茂伊島和夏威夷本島的高山能讓鳥類避居。

不過，要是認為我們可以滅絕地球上的兩千五百種蚊子而不會造成什麼嚴重後果，顯然不是自己的認知有限，就是過於狂妄自大。蚊子在地球上已經生存了一億年，和許多物種（包括人類）的關係密切、共同演化。蚊子讓人類的數量維持在一定之下，也影響了人類的遺傳組成：造成鐮狀細胞的突變雖然會有負面效果，但就是蚊子讓這種突變續存於人類族群之中。[①]如果我們明天就把蚊子殺盡，光是對人類這個物種的影響就非常巨大。滅絕蚊子就像是在池塘中丟一塊大石頭，在石塊落水的中心會出現大水花，後續效應會如同水波般逐漸擴散開來。

而且我們才剛開始了解這些吸血者在化學合成上的精妙之處。蚊子毒液中主要的化合物只有幾十種，屬於地球上組成成分最簡單的毒液，其中許多化合物的功用仍然不

① 人類遭瘧蚊叮咬後，瘧原蟲會侵犯紅血球造成瘧疾。唯鐮形紅血球會因過早破裂而使得瘧原蟲無法繁殖，讓患者有較高的存活機會。

明。在這波從毒液裡尋找藥物的浪潮中，我們應該小心謹慎，別在了解這些生化工程師製造出來的分子之前就把牠們消滅光了。

無論如何，毒液能夠致人於死的特性，使得它在科學和迷信中都占有重要地位，歷史上許多大人物也對毒液深感興趣。如果毒液的效果不是那麼強烈，那麼我們就不會花費許多時間和精力去研究製造毒液的動物，或是探討毒液影響人體重要系統的方式，也就不會知道這些有毒成分是如何的複雜與奇特了。如果分泌毒液的動物不是如此致命，在全球各種生態系中的地位也就不會那麼重要。

不論毒蛇是否推動了人類的演化，牠們能致人於死的特性確實影響了人類的演化。人類現在已經不是蛇的獵物，但這樣的影響會持續下去。我們確知，像蚊子這樣能分泌毒液的動物，的確影響了人類的演化過程，改變了人類的遺傳組成。不論我們是否樂意，這些演化上的「敵人」的確成就了今日的我們，在未來也持續是影響因素。人類演化的命運將會永遠與蛇類、水母和其他分泌毒液動物的天擇結果糾結在一起，還有一些動物也是，之後將會陸續提到牠們。

第三章

貓鼬與人

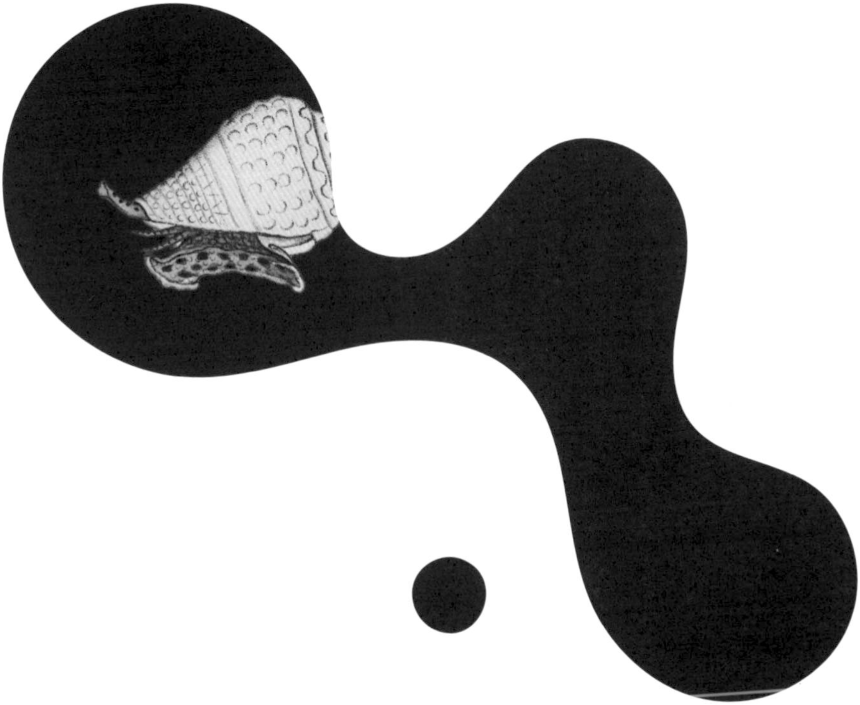

我的心裡冒出告種可怕的念頭[1]。在這瘋狂的時刻，我把毒液解凍，用針管抽取一毫升，然後消毒左手臂一塊皮膚，深吸一口氣，將針頭插入那塊皮膚，注射毒液。

——喬爾·拉·羅克 JOEL LA ROCQUE

如果你仔細想想，會發現一般的蛇其實一點都不可怕。蛇的皮膚既薄又脆弱，幾乎難以保護所包覆的血肉。蛇的骨骼也很容易折斷，一壓就碎，嘴巴也小。要不是有劇毒造成的威脅，蛇可能會變成許多動物的大餐。巨大的蟒蛇或森蚺可以靠體型嚇退比較小隻的掠食者，但是大部分的蛇類體型小，而且並不具備能送出毒素的毒牙，這些不會分泌毒液的蛇缺乏防禦的方式，只能靠速度和偽裝避免成為其他動物的大餐。有些甚至偽裝成有毒的蛇類，希望這種花招能騙過強敵。其實毒蛇在所有蛇類中只占少數，卻把懼怕烙印在人類和其他許多動物的基因上；占多數的無毒蛇藉此獲利。那些致死的毒蛇會讓人類、其他蛇類掠食者和獵物如此害怕，是因為有劇毒，毒蛇也知道這點。牠們往往會告知那些靠近但自己不想與其糾纏的動物：「這裡有毒蛇。」響尾蛇會發出聲響；鼓腹咝蝰（puff adder, *Bitis arietans*）會吸氣膨脹、讓身體看起來變大，同時發出巨大的嘶嘶聲。眼鏡蛇會把頸部撐開，同時穩穩地瞪著靠近的生物。

有些動物根本不在乎毒蛇是否用毒素武裝自己，照吃不誤。只要是能找到毒蛇的地方，那裡至少就有一種能輕易把地球上最劇毒的掠食者當成美味獵物的動物。這類物種有個專有名詞，叫做「食蛇動物」（ophiophagous），牠們除了在食物上的偏好之外，分類譜系的分支差距天南地北，並沒有明顯的共同特徵。這些食蛇動物在行為和親緣上都沒有什麼特殊之處好讓牠們對抗毒蛇，沒有堅韌的皮膚或是適應的構造好讓牠們捕食那些美味的毒蛇。這些食蛇動物中沒有任何一種是只吃蛇的，牠們也吃其他許多動物，包括爬行動物、小型哺乳動物，有時還吃鳥類。牠們共通的特徵是具備了神奇的能力，不把最強的蛇毒當一回事，就算是足以殺死一個人的毒液劑量，對這些凶殘的小動物而言，根本不痛不癢。牠們能毫無畏懼地接近眼鏡蛇，因此贏得了地球上最凶猛動物的封號。例如在吉卜林（Rudyard Kipling）的著作《叢林奇譚》（*The Jungle Book*）裡，有個故事說在印度，名叫Rikki-tikki-tavi的年輕貓鼬對抗眼鏡蛇，救了一對英國夫婦。作者常用「勇敢」、「無畏」來形容牠，但事實上，蜜獾、數種負鼠、兩種豪豬、蛇雕（snake eagle，這個名字取得好）、部分臭鼬以及「英勇」的貓鼬——其實一點都不勇敢。所謂的勇敢是要有辦法面對真正的危險，這些能直接對上毒蛇的動物完全沒在怕，因為牠們發展出特殊的分子機制，讓毒蛇的毒液無法造成傷害。

那些分泌毒液的動物，經過了數百萬年才演化出破壞獵物精密系統的毒素，當然也就有一部分動物演化出能對抗那些最強劇毒的措施。這樣強大的適應特徵是經由「共同演化」（coevolution）所產生，這個過程可以看成兩種（或更多）物種彼此影響而演化。由於彼此的關係非常密切（在這裡的例子是掠食者與獵物的關係），使得共同演化的物種在生態上會彼此影響。舉例來說，如果羚羊奔跑的速度變快，要是獵豹不跟著跑得更快，就只能挨餓。當其中一種物種改變了，其他物種就會面臨巨大的選擇壓力，不

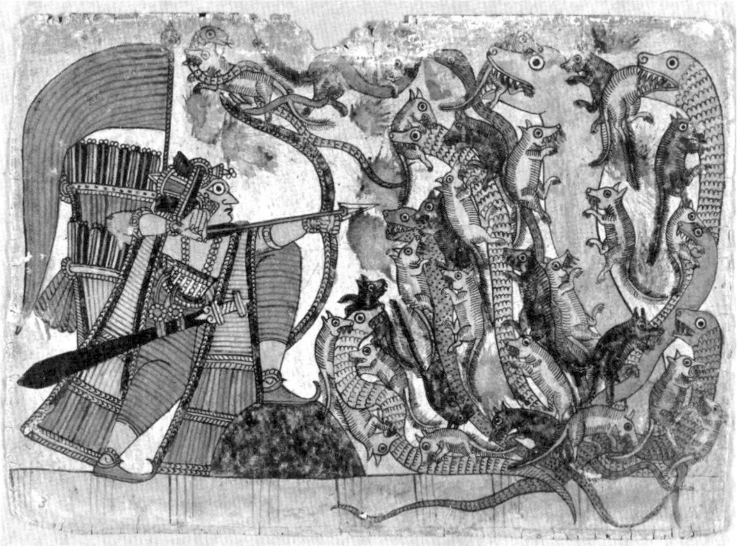

〈貓鼬與毒蛇的戰鬥〉，這幅水彩畫描述了食蛇者與牠的獵物間淵遠流長的戰爭。

隨之改變就會滅絕。毒蛇所具備的劇毒不只用在獵物身上，也是極佳的嚇阻武器。所以那些要吃蛇的動物經由隨機產生的變化，抵抗毒性的能力就算只是稍微增加一點，也能因為繼續吃這些毒蛇而獲益。有了額外的食物來源，具備這樣改變的個體便比其他同類生存得更好且產下後代。隨著時間推移，抵抗毒性的能力便越來越強。不過這些動物是如何抵抗毒性的？科學家開始了解那些保護自身的分子階層變化，同時研究包括人類在內的其他物種是否也有辦法對毒性免疫。

其中的奧祕有些已經解開了。科學家知道，所有哺乳動物的免疫系統多少都會對毒液起反應，問題在於這個反應是否夠快夠強，讓個體能夠存活下來。對於進入哺乳動物身體的外來物，免疫系統會產生先天性免疫反應與適應性免疫反應，兩者同樣重要。先天性免疫反應系統會對入侵者發動第一波防禦措施，不論這個入侵者是細菌、病毒或是毒液。適應性免疫系統則會「記得」之前的入侵者，當身體再次遇到相同的入侵者時，能產生更適當的反應。

哺乳動物的身體有多種方式阻止這些外來物到不該去的地方。皮膚以及在鼻腔、喉嚨與腸胃道表面的黏膜形成屏障結構，同時持續分泌抑制微生物生長的化合物。如果在這些屏障之內出現了入侵者，免疫系統便會立刻反應。受損或受到感染的細胞會分泌化合物，告知附近的免疫細胞自己有麻煩了。肥大細胞（mast cell）中含有許多組織胺

（histamine，一種血管擴張劑）與肝素（heparin，一種抗凝血劑）；巨噬細胞（macrophages）是身體中的細胞軍隊，會吞噬來自體外的物質。這兩種細胞收到訊息後，會開始攻擊外來物，並且引起發炎反應。發炎反應的特徵是「紅腫熱痛」，雖然這樣會造成不適，但這種經過仔細調節的過程，既能殺死某些細菌和病毒，又不會對身體造成太多傷害。

巨噬細胞會橫衝直撞，進行吞噬作用，「吃下」細菌、病毒和其他外來顆粒。這些東西進入巨噬細胞後，細胞中特別獨立儲存的酵素會分解這些外來物的外層。如果巨噬細胞沒有馬上摧毀所有入侵者，它會釋放化合物，吸引嗜中性球（neutrophil）過來。嗜中性球是一種白血球，同樣能吞噬與破壞外來物。嗜中性球除了可以進行吞噬作用之外，還能提高局部的發炎反應、釋放毒素，並且把ＤＮＡ製作成困住外來物的網子。

在不速之客與先天性免疫系統之間的戰爭進行得如火如荼時，適應性免疫系統也加入了戰局。樹突細胞（dendritic cell）會在發炎的地方出現，它們和巨噬細胞一樣，也會吞噬整個細菌、病毒、蛋白質和其他顆粒，然後把吞進去的東西切碎。只不過樹突細胞並不會留下來參戰，而是帶著吞下的物質移動到鄰近的淋巴結，把那些吞下的物質與主要組織相容性複合體（major histocompatibility complex, ＭＨＣ）結合，放到細胞表面上，呈現給Ｔ細胞辨認。Ｔ細胞生來就各自擁有不同的受體，如果某些Ｔ細胞上的受體能夠和樹突細胞上呈現的物質相吻合，那麼這些T細胞就會瘋狂複製，複製出來的T細胞有些會轉變成記憶T細胞（memory T cell，將來有同樣的入侵者出現時就能馬上反應），其他的轉變成殺手T細胞（killer T cell），前去協助巨噬細胞和嗜中性球。另外還有一些細胞會讓B細胞活化。B細胞是製造抗體的工廠。不過B細胞也像T細胞那樣，各自本來就帶有特別的受體，不是個個都能被T細胞活化。然而一旦有能活化的，便同樣會瘋狂複製出許多相同的B細胞，這些B細胞所製造出來的抗體，針對的是那些最初引發T細胞複製的物質，而有少部分變成記憶B細胞（memory B cell）。

T細胞、巨噬細胞、嗜中性球與抗體的聯合攻擊，通常足以擊敗入侵者，讓身體恢復正常。如果相同的入侵者再來，記憶T細胞和記憶B細胞早就準備好，可以快速反應，身體的免疫力就是這樣建立起來的。舉例來說，接種疫苗便是以人工的方式刺激身體的免疫反應，讓適應性免疫系統啟動，這整個過程就是讓T細胞和B細胞集結，對一個不是真正造成感染的分子產生記憶。疫苗的成分若不是病原體的蛋白質片段、經由輻射或其他方式殺死的病毒，便是以人工方式去除致命能力的活病毒或是活細菌（因此不會引發疾病），另外再加上幫助刺激免疫系統反應的化合物佐劑（adjuvant）。

不是只有細菌和病毒可能刺激免疫系統，毒液也可以。這使得科學家發展出目前最有效的中毒治療方式：抗毒素。抗體是極為強大的武器，不但能找出外來物，還可以發

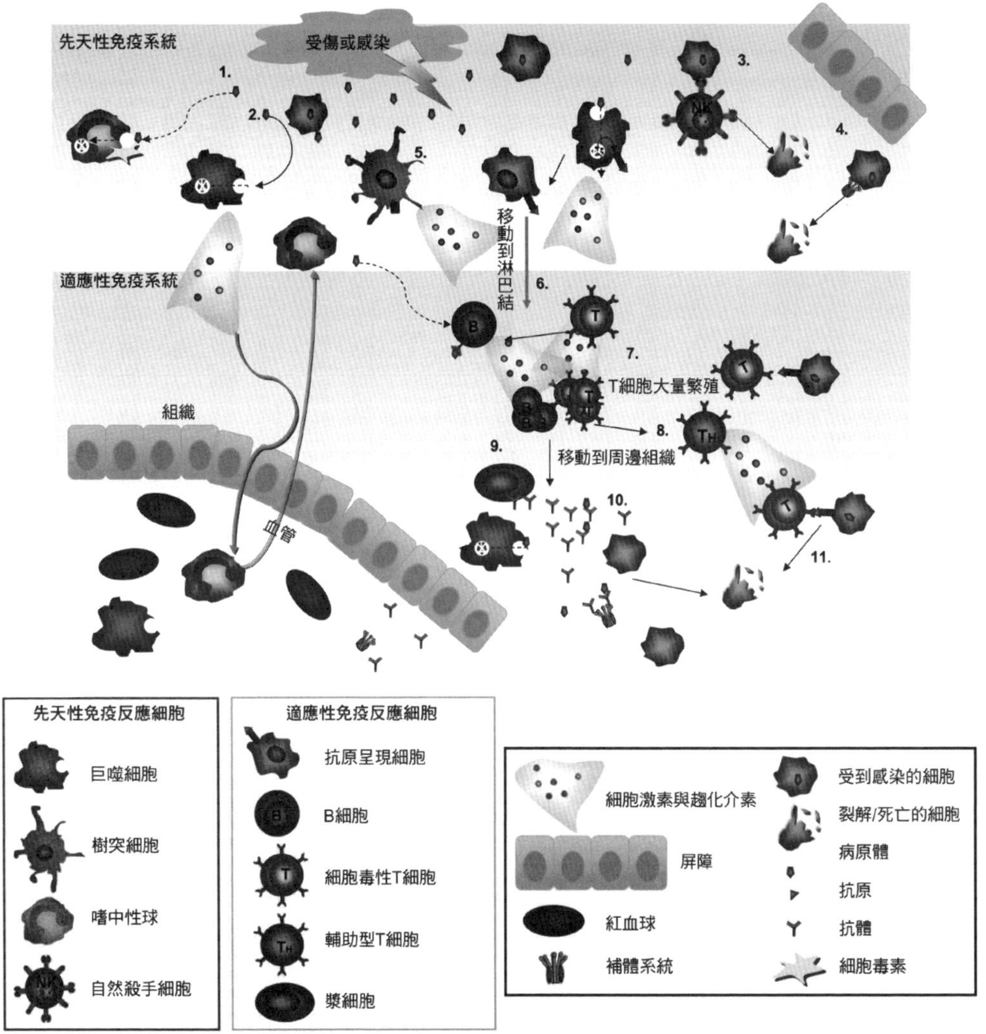

先天性與適應性免疫系統

（加雷〔Garay〕與麥卡利斯特〔McAllister〕繪製，2010）

訊息給免疫細胞，讓免疫細胞找出外來物並且加以摧毀。如果外來物是酵素或是傳訊物質，抗體能與之結合使其失去作用。要是被蛇或是其他能分泌強烈毒素的動物螫咬，可以快速製造出對抗毒素的抗體就太好了。不過毒素的破壞力往往迅速且強烈，人類通常無法等到適應性免疫系統製造抗體出來那麼久。在B細胞活化的時候，許多組織的損傷或是危及性命的麻痺症狀早就出現了。唯一的解決方式是即時獲得對抗毒素的抗體。十九世紀末的科學家就已經開發出方法了。其實抗毒素就是專門攻擊那些毒素的抗體，只是事前便已經製備完成。

目前在製作抗毒素時，主要把動物的免疫系統當成活工廠。馬由於體型大，被當成生物工廠的首選（科學家注入毒素後，馬的死亡率比較低，再加上血量多，一次可以取出含有較多抗體的血清），而且馬容易照料，能維持高產量。羊也是常用的動物，其他包括貓和鯊魚等也可以用來製造抗毒素。科學家把小心訂出劑量的毒液和佐劑混合，注射到動物體內，就像接種疫苗那樣。如果一切順利，動物產生免疫反應後沒什麼大礙，就會接連注射數次。至於真正注射藥劑的詳細成分、注射部位和注射頻率，是抗毒素製造公司裡科學家死守的祕密，而且他們擁有特殊的技巧以便取得所要的抗體。

幾個星期後，動物便可以抽血了，馬體內的血液中已經有能夠中和毒液毒性的抗體，抽血過程並沒有什麼恐怖驚悚的，通常會抽出三到六公升血液[2]，然後從中萃取出抗體。根據世界衛生組織的指導手冊，科學家要用離心的方式把血液中的血球和血清分開，比較重的血球會沉在離心管下方，富含抗體的血清在上方。之後會進行一連串純化過程，把血清中不需要的非抗體蛋白質盡量去除，留下有救命之效的抗體。最後的成品是一批能對抗毒素的抗體，在人類被蛇或其他有毒動物螫咬時幫上忙。製造抗體的動物不是人類並不要緊，這些動物的抗體一樣可以和毒素中的蛋白質結合，抑制毒性。

抗毒素的確從那些致死的動物螫咬中救了數百萬條人命，但是抗毒素並非完美無缺：它們的製造成本高，動物的免疫反應過了幾個月便會消失，所以一直要注射毒液到動物體內才能刺激抗體的製造。利用動物製作出來的抗毒素也有保存期限，製造抗毒素的公司必須持續備貨，才能賣給醫院、醫師、養蛇人、動物園，以及願意付高價持有抗毒素的人。有些毒蛇的毒液很容易就能取得足夠分量，可是有些動物的毒液幾乎不可能取得，例如蜘蛛或水母，這些動物不是個體小、難以取出毒液，就是本身極為罕見。除此之外，抗毒素通常只對一種或少數幾種動物的毒傷有用，並無法中和相近物種的毒素。有些毒蛇的毒液成分在同種類的不同個體間變化很大，有時抗毒素對於幾百公里外同種的毒蛇毒液並無效用。

不過，現在製造抗毒素過程中最大的缺陷，就是得把動物當成工廠，因此注射抗毒素到人體時，不可避免連帶把許多動物蛋白質也送進來，其中任何一種都可能會引發過敏反應，或是其他不必要的免疫反應。遭受蛇吻之後注射抗毒素的人當中，有百分之四十三到八十一出現了嚴重的副作用[3]，不過他們至少沒被毒死。

研究抗毒素的科學家，下一波要加緊研究的就是找出解決以上問題的方法。他們會使用新的技術製造更純的血清，或是找出能中和多種毒液的療法。抗毒液體學（antivenomics）這個新興的領域，採用最尖端的免疫學與分子生物學技術來純化抗毒素。基本的概念在於抗毒素是抗體的混合物，其中許多抗體不會中和毒液中最致命的毒素。科學家估計，在抗毒素中，大約只有不到百分之五的蛋白質確實發揮了中和有毒成分的功能。科學家研發出能與毒素結合的蛋白質的過濾程序，把那重要的百分之五和其他許多可能會引起副作用的蛋白質分開。此外，科學家也可以篩檢目前的各種抗毒素，檢查它們對其他種類毒蛇毒液的效果，之後把接種不同毒素的動物抗體混合在一起，製造出對抗多種毒素的抗毒素。抗毒液體學最具野心的目標，是希望製造出廣用型抗毒素，治療非洲或印度等單一地區中所有毒蛇的噬咬。

然而，對於世界各地都會發生的有毒生物螫咬問題，抗毒素只是解決方案之一。有些科學家希望了解其他動物對抗毒液的能力，好藉此研發更好的治療方式。有許多關於天生就能對抗毒液的軼聞，例如現在人人皆知的蜜獾，因為國家地理頻道（*National Geographic*）剪輯過的影片在全世界流傳，所以大家都知道牠能夠抗毒。不過只有少部分物種曾經受到些許研究，了解牠們是如何對抗致死的螫咬，以及其中的生化機制是否能用來挽救人命。

研究對抗毒液的能力可以兵分兩路：活體內研究是把固定劑量的毒液注射到某個個體中；活體外研究是把細胞或是體液（通常是血清）放在培養皿中與毒液混合，以生物分析的方式看看這些細胞或是體液能否抑制毒液的作用。在最初的研究中，有些只取了貓鼬或負鼠的血清和會造成死亡的毒液量混合（通常是眼鏡蛇毒或其他蛇毒），之後把混合物注射到小鼠體內，看看小鼠是否會死亡。這兩種方式測量的是完全不同的東西：如果直接注射毒液而動物沒死，很明顯受試動物有某種程度的抗毒能力，但也只知道牠們不會死而已。如果動物的血和毒液混合後能削弱毒液的作用，那就表示某些可以轉送的物質有助於動物的存活，這種物質便有可能當作救命藥物。

地球上，最能對抗毒蛇的是那些經常吃毒蛇的動物。吃毒蛇的動物種類多到讓人驚訝，其中包括知名的蜜獾、貓鼬、負鼠和刺蝟。除此之外還有數種獾類與鼬鼠、臭鼬，甚至是一些貓科動物，都會吃毒蛇。至少有四十八種動物會吃毒蛇，分布在六個目當中，不過其中有多少能抵抗毒吻尚待研究，因為大部分都還沒被檢驗是否真的有抵抗毒液的能力。有些對毒液確實有很強的免疫力，負鼠屬（*Didelphis*）的動物能夠忍受四十到八十倍殺死小鼠或人類的毒蛇毒液劑量。不只有蛇的掠食者能對抗毒液[4]，掠食其他有毒動物的物種也有類似的毒液免疫力，例如會吃樹皮蠍（bark scorpion）的蚱蜢小鼠（grasshopper mice），對蠍子、蜘蛛的毒液抵抗力就很高，忍受毒液的劑量是實驗室小鼠的三到二十倍[5]。

前述的物種是哺乳動物。鳥類中的短趾雕屬（*Circaetus*）以蛇類為食，由於太常吃蛇了，所以也稱為「蛇雕」。在研究該屬的短趾雕（*Circaetus gallicus*）後發現，牠們的血清可以對抗所食毒蛇的毒素[6]。蜥蜴也是，能夠抵抗獵物的毒吻。傳說有多種蜥蜴不怕蠍子的螫咬，但是其中只有一種檢驗後獲得確認，那就是分布在中東地區、能抵抗金蠍（yellow scorpion）毒液的扇趾虎（fan-fingered gecko）。這種小小的壁虎有辦法忍受[7]的毒液量是小鼠的四千倍，相當於被蠍子螫一百次的量。德州角蜥（Texas horned lizard）專吃收割蟻（harvester ant），這些螞蟻的毒液是膜翅目昆蟲中最強烈的[8]，LD_{50}是〇．一二毫克／公斤。這種蜥蜴對毒液的耐受程度著實驚人，牠們的LD_{50}是小鼠的一千五百倍[9]。

有時候，那些分泌毒液動物所獵食的物種，也具有抗毒能力。其中最有趣的發現來自於一九七〇年代美國德州的科學家[10]。他們本來想要用林鼠（woodrat）當成西部菱斑響尾蛇的食物，因為林鼠容易買到，看起來也像是蛇會吃的動物。但是大出科學家意料的事情發生了：這些大鼠被當成飼料、丟進飢腸轆轆的蛇群中，非但沒有被吃掉，有時大鼠還抓咬響尾蛇至死。這些科學家抓住機會，好好研究其中的前因後果，發現林鼠能夠忍受響尾蛇的毒液，多少是因為血清中的成分。於是科學家便純化出血清中的這種物質[11]，好了解它是怎樣阻止蛇毒的出血效應。還有相仿的例子：有些鰻魚是海蛇的食物，可是牠們能夠輕鬆對抗海蛇的毒液[12]。

還有，許多動物能對抗自己或是相近物種所分泌的毒液。例如大部分的蛇都有對抗同科其他蛇類毒液的一定能力[13]，但是親緣關係比較遠的就沒辦法了，像是蝮蛇無法抵抗眼鏡蛇毒、眼鏡蛇無法抵抗蝮蛇毒，這兩種蛇都是黃頷蛇科（Colubridae）的食物，這一科有許多種類專門吃蛇，牠們的毒牙在口中後方。黃頷蛇對其他蛇類的毒液有很強的抵抗能力，例如佛州王蛇（Florida king snake）血液中的蛋白質能對抗銅頭蝮（cottonmouth）毒液的致命毒性[14]。

我們從活體研究可以知道，並非所有以蛇為食或是被蛇當成食物的動物，都可以抵抗所有蛇毒。負鼠能夠抵抗來自美洲、非洲和亞洲許多蝮蛇的毒液，但是對眼鏡蛇之類的則束手無策[15]。刺蝟（例如歐洲刺蝟）也能夠對抗蝮蛇的毒液。埃及獴（Egyptian mongoose）似乎能對付各種蛇毒：既能應付蝮蛇毒、又可抵抗眼鏡蛇毒，還不是稍作抵抗，而是有效對付那些最劇烈的毒素。化合物 sarafotoxin-b 是許多種非洲角蝰（African asp）毒液中最致命的成分，科學家在一項實驗中給予埃及獴非常高劑量的 sarafotoxin-b，這些小動物不但在全致死劑量（LD_{100}，實驗小鼠無一倖免的劑量）下存活，而且在全致死劑量的十三倍[16]之下仍能活命。不過奇怪的是，埃及獴的血液和蛇毒混合後注入小鼠體內，並沒有保命的效果。埃及獴確實能夠抗毒，然而這種免疫力只存在於個體中，無法分享給其他動物[17]。

埃及獴自己有免疫力但血清卻無法保護其他動物的原因，在於牠們的抗毒能力主要是因為細胞有些地方改變了，使得毒液無用武之地。埃及獴能對抗的毒蛇有個共通點：牠們毒素作用的目標是尼古丁乙醯膽鹼受體（nicotinic acetylcholine receptor），這些受體位在一些神經訊息傳遞路線上，這些路線的主要功用之一是告知肌肉細胞收縮。蛇毒中的α-神經毒素，例如α-雨傘節蛇毒素（α-bungarotoxin），能夠接在尼古丁乙醯膽鹼受體的活性部位上，讓受體失去功能，阻斷了收縮訊息的傳遞，麻痺症狀便迅速產生，使得不幸的受害者死亡。不過埃及獴和其他哺乳類不同，牠的受體在演化時發生了一些變化。科學家發現，埃及獴受體活性部位上有五個胺基酸改變了，使得埃及獴能夠對抗蛇類所製造針對受體作用的劇毒[18]。除此之外，在這五個突變中，有三個是和中國眼鏡蛇（Chinese cobra）上的胺基酸是一樣的，所以中國眼鏡蛇也能抵抗那些毒素。

最新的研究指出，蜜獾、刺蝟和豬的尼古丁乙醯膽鹼受體上和毒素結合的位置，都各自發生了改變，得到的功能都相同，就是有辦法對抗眼鏡蛇的毒素。在這三類動物中，一個帶正電的胺基酸取代了原來不帶電的胺基酸，毒素便接不上了。部分獴類在相同的位置也發生了變化：接上巨大的糖分子，科學家認為這樣可以阻擋毒素的連接，效果相同。因此，這種對抗 α - 神經毒素的演化事件至少各自發生了四次[19]。

想到那些動物能以這種方式對抗精準又強烈的毒素，滿讓人驚訝的。尼古丁乙醯膽鹼受體在細胞溝通和神經訊息傳遞上居樞紐地位，因此可以合理推想，這樣的序列變化是受到嚴密控制的。蛇毒毒素作用的蛋白質對於動物生存也很重要，需要能和體內其他分子進行正常的交互作用，這些蛋白質上的一個突變引起巨大的改變，如果讓受體無法執行正常的功能，那麼動物原本就無法存活。重要的蛋白質上發生突變通常是致死的，所以在獴類身上這樣引發抗毒效果的突變在大自然中非常罕見，但卻非獨一無二。

另一方面，負鼠對抗毒性的能力主要來自血液中有讓毒素失去活性的物質[20]。科學家從血清中取得能和毒液成分結合並且阻止它們發揮作用的蛋白質，這些毒液成分包括了造成致死出血症狀的金屬蛋白酶（metalloprotease）。負鼠甚至能把這些蛋白質經由乳汁餵給幼獸[21]。刺蝟在血液中也有對抗蛇毒毒素的特殊成分[22]，這些成分包括了巨球蛋白（macroglobulin），其結構近似抗體（免疫球蛋白），能完全抑制蝮蛇毒造成的出血活性，就像是負鼠的金屬蛋白酶抑制劑。事實上，這兩類相距甚遠的動物體內對抗毒性的蛋白質有很多類似之處[23]，是趨同演化的結果。

但奇怪的是，吃蛇的那些動物有抗毒能力，這很合理；那些被蛇吃的動物，更應該演化出類似的抗毒能力才對啊！畢竟演化中的武器競賽就是這樣發生的：來自掠食者的捕食壓力造成獵物產生適應以利逃脫，這樣一來又使得掠食者有新的適應以便捕獲獵物，如此持續下去。但是能夠抵抗毒液的獵物種類其實少得多（雖然有德州林鼠），而且抵抗毒素的能力比那些吃蛇的動物還低。有很多證據顯示，蛇毒毒素的演化速度很快，可是並沒有證據指出獵物體內的抗毒蛋白也會快速演化，吃有毒動物的掠食者[24]血清中抗毒蛋白反而有快速演化的證據，這意味著毒蛇會製造毒液，原因之一可能是為了要保護自己。

或許是因為演化上的限制，使得被有毒生物掠食的獵物難以發展出抗毒性，否則抗毒性應該很常見。可能是抗毒的化合物製造成本太高了，相較死於毒液的機會而言，對大部分獵物來說產生抗毒性並不實際。有毒動物與獵物之間的共同演化還有許多需要解答之處，但是科學家經由研究能對抗毒液的物種一窺其中奧妙，並且更清楚了控制天擇的法則。

雖然我們不了解那些不同的物種如何演化出驚人的抗毒性，但是科學家或許能利用生理學知識研發出類似的蛋白質，做出比較便宜的另類抗毒素。不難想像在將來，廣用的蛇毒治療方式會用到改造負鼠血清蛋白，以便對抗各種致死的毒液。

即使這種療法有效，依然要把動物的蛋白質注入人類的血液中，這意味著可能會引發不良反應。要一舉解決全球各地的蛇吻問題，有些很有趣的研究正在進行，而且使用完全不同的方法：如果問題主要來自對抗蛇毒的成分並非源於人類，那麼何不乾脆想個方法，讓人類自己來製造這些抗體？史蒂夫・路德溫（Steve Ludwin）就在做這件事。

路德溫不是科學家，既非醫師也非研究人員。一九八〇年代晚期，他從新英格蘭地區的大學輟學，搬到倫敦追求音樂生涯。他曾經為史來許（Slash，「槍與玫瑰」〔Guns N' Roses〕樂團吉他手）寫過歌[25]、加入過數個樂團，有一陣子甚至和樂手兼演員的寇特妮・洛芙（Courtney Love）交往[26]。不過對大多數人來說，會認識他並不是因為他的搖滾樂生涯，而是因為他給自己注射毒蛇的毒液。

史蒂夫對我解釋[27]：「大約在一九八八還是八九年，我開始進行蛇毒的實驗。」那時候還沒有網際網路，也還沒有說明如何自我注射毒液好抗毒的書和論文，更沒有相關的臉書粉絲團。那群人把這樣的行為稱作「自我免疫」（SI'ing）。現在的「自我免疫者」（SIer）有許多資源，同時還成立了社群，彼此討論自我免疫的種種，例如劑量、有毒物種等。史蒂夫沒有加入什麼社群，他說：「我只是依我想做的去做，一路自己走來。」

史蒂夫熱愛爬行類動物，是個「兩爬控」（herper，因為「兩棲與爬行動物學」的英文是herpetology，源自希臘文中的「爬行物」〔herpetó〕[28]），年紀輕輕就愛上蛇。他九歲時遇見了「自我免疫者」先驅、邁阿密蛇園（Miami Serpentarium）的園長比爾・哈斯特（Bill Haast）[29]。身為上個世紀最著名的毒液科學家，他這座蛇園養了數百條蛇。數十年來，蛇園生產了非常多蛇毒毒液，供給製藥業和抗毒研究使用。不過哈斯特還有另一個計畫：自我免疫。他這樣做是為了自我防衛，不過也有部分是因為好奇，他想知道一般製造抗毒素的過程能否在人類身上重現。他在一九四八年開始注射眼鏡蛇毒[30]，隨著時間慢慢增加劑量與種類，到後來同時注射十幾種毒液的混合液。一九八四年，有個小男孩掉進了鱷魚坑而死，這場奇怪的意外事件使得他把蛇園收了，不過仍持續進行實驗，自己養蛇取毒液來研究。他的確有驚人的抗毒能力：在養蛇生涯中被咬了超過一百七十次[31]，雖然有幾次要送急診，但最後都能康復。他相信注射毒液的行為多次保住了自己的性命。對此深信不疑的他，甚至在知道附近有人被毒蛇咬、生命垂危而且沒有抗毒素時，願意把自己的血液捐給受害者（許多人說他因此救了數條人命）。媒體採訪時哈斯特解釋，自己除了能對抗毒液，身體也很健康，他相信是毒液強化了免疫系統。他八十八歲時[32]說，如果自己活過了百歲，就表示毒液能增進健康。他後來的確活過百歲。

回到一九七〇年代。史蒂夫去蛇園時對哈斯特留下了深刻的印象，他說：「噢，可以注射毒液好讓自己抗毒，這很酷！」到了十七歲，史蒂夫決定跟隨哈斯特的腳步，他說這是「心靈福至」的一刻，他就是知道自己會注射毒液，想著用哪種蛇、注射多少毒液、多久注射一次等。他很快就著手這麼做，然後持續到現在。

每隔兩個星期，他便注射有六到八種毒液的混合液到靜脈中。他嘗試過數十種毒蛇，包括會破壞紅血球的蝮蛇毒液（感覺「像是把辣椒醬塗到皮膚裡面」），或是眼鏡蛇的神經性毒液（「這類蛇毒不會讓你覺得痛」）。史蒂夫說，有時候注射蛇毒會讓人精力充沛。他說：「不是嗑藥的陣陣嗨感，但是很類似，覺得自己回到了二十四歲的狀態。」

大部分進行「自我免疫」的人都說這只是為了對抗毒性，他們飼養了很多能分泌毒液的動物，希望自己如果被咬時能有多一層保護。但我相信不只如此。我遇到的自我免疫者都對這種行為深感驕傲。他們相信雖然個人無法發展出新的技術，但仍身處在科學研究的最前緣。他們認為自己知道一些科學家不懂的事情；在面對毒吻之後能活下來，更證明了他們真的懂。他們在沒有防護措施下徒手抓住有毒的寵物，以此誇耀。他們的臉書上滿是親吻眼鏡蛇或是讓蝮蛇纏繞脖子的照片，表情沾沾自喜，公然藐視持有爬行動物的安全建議。

在研究毒液的社群中，有許多人大聲疾呼、反對「自我免疫」，這些人包括了科學家、醫學專業人員、爬行動物飼養者，以及有毒動物迷。其中有些極為知名的科學家譴責這樣蠻幹的行為。但是史蒂夫不懂科學家為何會這麼想。他說：「我不懂為何這會被當成假科學。這是事實。馬可以對蛇毒免疫、產生抗體，人類當然也可以。」如果他說的是實話，那麼他並不是為了抗毒性而這麼做。「我不是為了保護自己才這樣做，是因為深感興趣。我一直覺得可以有正面的效果……有些人進行重量訓練把手臂練粗，我也差不多，只不過我訓練的是免疫系統。」

越來越多飼養蛇或其他爬行動物的人，開始注射來自這些寵物的毒液，主要是青少年和年輕人（他們稱這些寵物為「毒物」〔hot〕）。自我免疫者堅持，飼養或是照顧這些毒物的人應該要讓自己能夠抵抗接觸到的毒物，他們覺得自己在推行重要的運動。但是大部分飼養者認為，自我免疫者搞壞了爬行動物飼養者的名聲，這些人比較像是邪教信徒。對此，自我免疫者的回應是拍攝那些毒物（例如惡名昭彰的黑曼巴）的齧咬過程給大家看，然後對那些稱自己瘋了的人比中指。

你可能會認為，史蒂夫在自我免疫二十多年之後，會歡迎這些志同道合、年輕氣盛的伙伴加入，可是他通常會馬上勸退那些想要進行自我免疫的人。他說：「這一看就知道很危險。」他在網路上主持一個討論自我免疫的論壇[33]，上面有免責聲明：

我並不勸告、建議或是縱容任何人進行自我免疫，或是給他人注射蛇毒以取得抗毒性。任何形式的蛇毒免疫，不論是用注射、吸食或其他方式，都是極端危險的。這類實驗都可能造成嚴重的傷害，甚至死亡。任何人在任何狀況下都不應該做這種事。

他希望科學家和醫師能夠從研究者的角度認真看待自我免疫，對於那些顯然是虛張聲勢的自我免疫者很不耐煩，認為他們只是在自吹自擂。史蒂夫說他不會加入自我免疫者的臉書粉絲團，或是回覆源源不絕、前來索取訣竅的電子郵件。「一定會發生意外的……你告訴他們做法，他們會搞砸，然後你要擔負責任。」

史蒂夫心知肚明。他的自我免疫過程並非一帆風順。「我有過愚蠢的搖滾心態：『不管啦！先做做看。』所以發生過許多次意外。」原因之一是他之前常注射出血性蛇毒（「我那時是名符其實的笨蛋，居然不知道不同蛇毒間的差異。」）他也承認以前注射得太頻繁。「我一直在想要注射更多、再多。」現在他才了解到，即使只是少量也足以激發免疫反應。

史蒂夫身上有因自我免疫而造成壞死的部位。有次注射出了問題，他最後進了醫院，護士和醫師告訴他，如果不截肢就可能會送命——結果既沒截肢也沒死掉。他只被咬過一次，是許氏棕櫚蝮（eyelash viper）幹的，那是因為那條蛇移動的速度比他想的要快一點點才發生的意外。由於他一直都在進行自我免疫，當時他決定按兵不動，看看自己是否真能抵抗毒攻。他幸運地活了下來，但也體驗了此生未曾有過的疼痛。他說：「我覺得像是有人拿錘子在敲我的手指，這種感覺持續了八個小時。」不過他並不後悔這二十六年來持續自我免疫。他說，這的確增加了抗毒性，雖然結果並不完美。「我曾在兩個人面前把致死劑量的毒液吸入針筒，注射到自己身上，好證明我的抗毒性足以對抗這些毒液。」

他和哈斯特一樣，相信這樣注射除了對抗蛇吻之外還另有好處。他指出在歷史上，許多文化都把蛇毒當成傳統藥物。雖然這些民俗藥物使用過程並非完全精確，但通常都確實具備了生物活性，對他的整體健康有幫助。他自信滿滿地說：「我不會受寒、不會生病，也不會得流感。」他補充，「幾個星期前我食物中毒，狀況很糟。我可以告訴你，蛇毒對食物中毒一點效果都沒有。」

史蒂夫和其他自我免疫者之間類似的經驗，很難讓人視而不見。史蒂夫指出：「哈斯特在一些訪談中反覆提及，他是健康的楷模，這輩子沒有生過一天病。這個道理如同二加二等於四那麼清楚，然後你會想：『其中一定有些奧妙之處，應該要好好研究。』但是並沒有人這麼做。」

自我免疫很久以來一直都乏人研究，不過在幾年前，史蒂夫的影片引起了哥本哈根大學（University of Copenhagen）研究人員的注意。他非常高興地告訴我，如今科學家在研究他的血液，希望以他的抗體作為藍圖，發展出來自人類而且沒有副作用的抗毒素。這個為期五到七年的計畫將可能為醫療技術帶來重大突破。史蒂夫沒有從中取得一毛錢[34]，他只希望他的抗體能夠救人時，自己可以留名。他希望將來的研究可以發掘蛇毒增強免疫反應的潛能，不過現在光是自己的血被拿去研究，就讓他對接種實驗充滿幹勁。「有了一個目標真的很棒。老實說，我年少輕狂幹這檔事時，完全不知道自己為什麼要這樣做。那時候我什麼都不知道，現在可是有正當的理由了。」

我們的靈長類祖先屬於毒蛇的獵物而非掠食者，毫不意外地對毒液沒有抵抗力，連史蒂夫那樣的能力都沒有。但是有少許證據指出，由於我們具備了適應性免疫系統，所以能獲得某種程度的抗毒能力。然而很不幸地，也因為相同的系統，讓我們對通常無害的毒液（例如蜜蜂的毒素）產生過敏反應，有時會因此死亡。

沒有人真的知道我們為什麼會有過敏反應，科學家對於這個免疫之謎已經爭論了數百年。你可以把過敏反應想成免疫系統反應過頭的狀態。過敏的定義是「免疫反應太過敏銳」（hypersensitive immune response）。讓人過敏的東西是過敏原，任何東西都有可能是過敏原，只要它能被身體裡製造抗體的系統辨認出來就行了。在你首次接觸到過敏原時，並不會引發過敏反應，這時你的免疫系統正在對過敏原留下印象，好在下次遇到時能夠記起來。當過敏原再次出現，你的免疫系統便抓狂了，盡責地送出大量抗體。但是因為某種原因，有些抗原會讓身體送出免疫球蛋白 E（IgE），而不是更普通的免疫球蛋白 G（IgG）。IgE 本身有點麻煩，它們只占全身所有抗體的百分之〇・〇〇一是有原因的，因為它們會刺激組織胺和其他發炎物質的大量釋放，造成全身性過敏反應（anaphylaxis）。過敏反應如果能讓血壓下降，那就是有益的，但是如果讓心跳停止，可是會要人命的。由於 IgE 很容易就引起麻煩，科學家一直想要了解這種免疫球蛋白在免疫系統中的功用。怪的地方就在它看起來沒有什麼好處，只會引起過敏，有兩到三成的人曾發生過敏。

能解釋 IgE 由來的證據並不多，對免疫學家而言這還是未解之謎。為什麼會有一種弊多於利的抗體？在人類演化史的某個階段，IgE 應該有些功用，不然持續引發過敏所付出的代價，應該會讓這種抗體消失。有些人認為 IgE 的功用是對抗寄生物[35]，而現在我們周遭滿滿的洗手乳和抗生素，讓 IgE 沒了對手，所以我們只能在它功能失調時才注意到它的存在。有些證據支持這個理論，但這個理論認為過敏只是 IgE 的副作用而非目的，可是無法解釋為何有些成分更容易引起過敏反應。我們抵抗寄生物的手段怎麼會那麼差勁，居然把花粉、食物、藥物、毒液和金屬誤認為寄生物？其他科學家則認為，這些惱人的抗體可能還有其他有趣的用途：對抗有毒物質，包括毒液。

「毒素理論」最早是由一位特別的科學家瑪姬．普羅菲特（Margie Profet）[36]在一九九一年提出。雖然她有物理、數學和哲學學位，不過她讓免疫學界震驚的是對過敏的激進想法：過敏演化出來有其道理，而不是其他程序的副作用。她解釋：「在演化的過程中，過敏持續存在。過敏耗費了大量成本，這意味著過敏是一種因適應而得到的能力，這種能力顯然是值得的。如是觀之，把過敏當成免疫上的缺陷是不正確的。

「過敏反應由一些特別的機制集合而成，顯然這是一種適應而得的反應。這些機制精確、經濟、有效率且複雜，目的就是要造成過敏。」

毒素理論包含了四大論點：首先，毒素無所不在而且會造成嚴重的傷害，這當然會成為演化驅力。如果毒素常見且造成的傷害又大，那麼我們的身體會發展出對抗毒素的方式，是非常合理的。除此之外，普羅菲特指出，大部分的毒素會造成急性傷害與長期傷害，例如許多毒素會刺激突變，進而引發癌症。

第二，我們知道毒素具備的生理活性會引起過敏反應。例如許多毒素會和血清蛋白形成共價鍵，這通常會引發過敏。

第三，絕大多數的過敏原，如果本身不是有毒物質，就是接上了其他較小毒素分子的攜帶蛋白。舉例來說，毒液本身及其中所含的物質都是劇毒，但有些乍看之下不會造成傷害的抗原也能攜帶毒素，例如乾草可以攜帶由真菌產生的黃麴毒素（aflatoxin），這種毒素會引發急性肝衰竭。

最後，毒素理論指出，過敏症狀可以解釋成幫助緩解中毒狀況的方式。如果身體利用 IgE 來調整對毒素的反應，那麼過敏症狀應該是有利的。事實上，嘔吐、噴嚏和咳嗽都有助於排出毒素，血壓降低能減緩毒素在體內散播的速度。就算是在過敏反應中釋放肝素這種抗凝血物質，都可以解釋成在對抗多種毒液的凝血作用。

根據普羅菲特的說法，過敏是適應性免疫系統對抗毒素（包括毒液）最後的奮力一擋。每次接觸到同一種過敏原，過敏就變得更加嚴重，這並非免疫系統發生錯誤，而是這種反應的重點。因為同一種毒素倘若多次接觸，傷害便會累積。換句話說，如果你接觸到某種毒素的次數越多，下次就越需要更快排除。這個說法並不是說現在的各種過敏反應不會造成困擾，每年用來治療流鼻水、眼睛紅腫、乾草熱的醫藥費用高達數十億美元，這些過敏症狀由各式各樣的物質引發。毒素理論的支持者認為，如果只注意這些麻煩，會讓人忽略了全貌。他們指出，過敏被視為麻煩，這是因為我們不了解這種反應經常幫我們擦屁股。

普羅菲特的毒素理論在一九九三年為她贏得麥克阿瑟基金會（MacArthur Foundation）的「天才獎」（genius grant），但時至今日，科學社群還是無法完全接受。科學家一直說，是因為沒有實驗證據支持這個理論。有些人（包括普羅菲特）指出，受過敏所苦的人比較不容易得到癌症，可能是因為過敏反應排除了致癌物，但這並非明確的證據。畢竟反應過頭的免疫系統會隨時警惕、啥都攻擊，當然也會更警覺地攻擊癌症。如果毒素理論被證明是對的，那麼過敏反應就應該有些特別的益處。

普羅菲特激進的看法在二十年後才有實驗證據支持。二〇一三年，科學家指出用少量的蜜蜂毒液[37]引發過敏，有助於小鼠對抗後來承受致死的毒液劑量。最有說服力的證據在於用基因工程改造小鼠，讓牠們缺少這個過敏程序中的某一個步驟（沒有IgE、IgE的受體，或是具有這個受體的肥大細胞），如此一來事先接觸少量的毒液便沒有幫助。這個實驗把IgE的反應和保護效果建立起直接的關連。後來科學家用毒性更強烈的山蝰（Russell's viper）進行相同的實驗，之前由IgE引發的效應也具有抗毒的功能。

毒素理論如果要在仔細的檢驗下站得住腳，還得要能解釋更多的現象，包括一直受到仔細調控的免疫系統在過敏反應中是如何失控的。不過這是個讓人信服的理論，可以解釋我們身體對應毒素所產生的反應，特別是毒液中的毒素，而且也和我們對製造毒液動物的認知相符，特別是牠們的劇毒真的會影響周遭的動物。我們現在或許還沒有辦法在自己的血液製造對抗毒液的蛋白質或分子，但是我們古老而嬌小的祖先（以及其他像小鼠那樣被當成獵物的動物）可能已經發展出複雜的免疫反應，目的就只是為了處理毒液這種威脅生命的毒素。如果毒素理論是正確的，那麼科學家可能就不需如此費力就能找出具有救命潛力的治療方式。中毒之後能活下來的祕密也許就在眼前，只是偽裝成過敏而已。

無須多說，對於致死性的中毒，我們急需更好的療法，估計每年有四十萬人遭到毒蛇齧咬，十萬人因此死亡。其他分泌毒液的動物，包括了蜘蛛、蠍子、水母等，也取人性命——我會在最後一章介紹這些動物。不過抗毒科學未來一片光明，我們現在發展的許多方向，例如普羅菲特的見解、免疫動物、自我免疫者或抗毒學等，都充滿了希望。此外，我們越了解毒素在分子階層的運作方式，越能發展出對抗毒素的武器，就算是不致命的毒素也一樣。畢竟有些毒素雖然不會致人於死，引起的痛苦也要人命。

第四章

關於疼痛

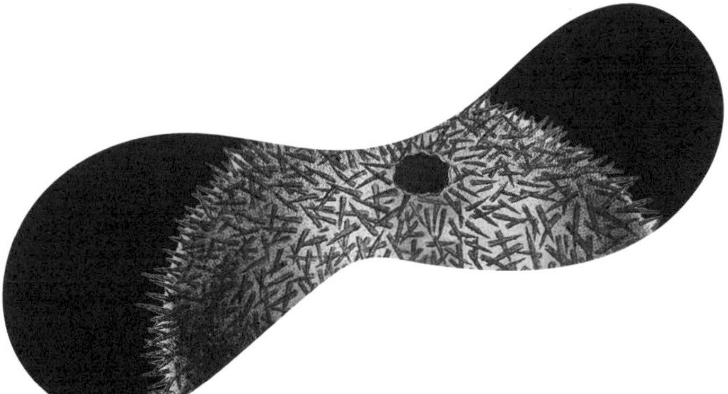

「公主殿下，生命充滿痛苦，沒這樣說的人肯定是別有所圖。」
——電影《公主新娘》 *The Princess Bride*

昆蟲學家賈斯汀·施密特（Justin Schmidt）如此形容被子彈蟻（bullet ant）刺到的感覺：「那純粹、劇烈又鮮明的疼痛，像是腳踝中有根三吋長的釘子[1]，還要走過著火的木炭。」根據他的說法，在全世界各種昆蟲中，被子彈蟻咬到最痛。他的確清楚，因為在他發展「施密特疼痛指數」（Schmidt Pain Index）時，已被膜翅目（蜜蜂、螞蟻和黃蜂等）中分屬四十一屬的七十八種動物螫咬過。這個色彩斑斕又大膽的量表描述了螫咬的疼痛程度，層級從〇·〇（沒感覺）到四·〇（深不可測的痛），只有一種動物造成的疼痛超過四·〇，那便是子彈蟻，分數為四·〇+。白臉大黃蜂（bald-faced hornet）的刺痛比較輕微，分數是二·〇。施密特說，這疼痛「鮮明而深入心扉，像是手指被門夾到」。被世界上最大的黃蜂食蛛鷹蜂（tarantula hawk）刺到的疼痛程度是四·〇，用施密特的話來說是：「有如強烈的電擊般讓你睜不開眼，就像是你在泡澡時有臺通電的吹風機掉到浴盆裡。」

子彈蟻排名最高，這結果毫無意外，牠的俗名正是來自被牠刺了之後有如遭子彈射傷般疼痛。根據被刺過的人所說，不只在幾個小時內會有劇烈的疼痛，而且疼痛感要一整天之後才會退去，通常還會有其他「副作用」，例如發抖、噁心和流汗。我前往祕魯境內的亞馬遜森林時，很想看看這種螞蟻——當然是在安全距離之外看。

對於前往亞馬遜地區的遊客而言，子彈蟻是不祥的災禍，但是對巴西的沙特雷－馬威（Satere-Mawe）族人而言，那是他們文化傳承的一部分，在年輕的沙特雷－馬威人成為真正戰士的成年禮中，子彈蟻是要角。行成年禮時，村中的長者會小心地在森林中收集約百隻子彈蟻，用草藥讓這些螞蟻昏迷，然後放入樹葉編成的手套中，刺朝向內部。這些螞蟻清醒後會勃然大怒，準備刺傷任何接觸到牠們的動物。男孩要能自稱男人之前，必須戴上這樣的手套，受上百隻螞蟻的針刺，這時手會腫得像球棒，身體會因疼痛而顫抖。

這項儀式目前依然存在，但其中的細節外人有各種說法。有人說要戴上手套十分鐘，有人說是三十分鐘。你可能以為這樣的儀式一次就夠了，但有的族人在一生之中會從十二歲開始，共進行二十五次。為什麼要重複？一些目睹這項儀式的人宣稱，在螞蟻毒素發揮作用時，男孩不可以哭嚎流淚，如果哭了便要重來。有人說這不是強迫的，部分年輕人自願重複這痛苦的儀式，藉以獲得眾人的尊敬與領導地位[2]。

有許多人嘗試相同的儀式，包括大膽的演員和製片人。其中之一是澳洲喜劇演員哈米什・布雷克（Hamish Blake），他只伸進手套幾秒鐘便因受不了疼痛而崩潰[3]，幾個小時後進了醫院。國家地理頻道的一位主持人派特・史班（Pat Spain）撐了整整五分鐘，但是被刺之後的幾個小時內[4]，變得語無倫次、無法好好說話，也止不住顫抖。五個小時後，他的手臂泡在冰水中，希望藉此稍微減輕一點疼痛感，這時他依然處於廢人狀態。

影視名人與冒險家史蒂夫・巴克蕭爾（Steve Backshall）在二〇〇八年的《週日泰晤士報》（*The Sunday Times*）寫道，他嘗試忍受子彈蟻帶來的刺痛[5]。他說手在手套裡的那十分鐘還算忍得住（還不算糟；很難受，但可以撐過去），然而接下來的幾個小時：

> 一開始我嚎啕大哭，之後我崩潰了，只能從喉嚨深處發出啜泣聲，身體不受控制地顫抖、痛苦地痙攣。神經性毒正在發揮作用，我的肌肉開始抖動，眼皮變得無比沉重，嘴唇逐漸麻痺。我垂頭喪氣，無法做出反應，也無法站立。醫師對著我大吼，要我繼續前進，不要讓躺下的欲望占上風。如果手上有把砍刀，我可能會把手臂砍掉，好從這種痛苦中解脫。

巴克蕭爾說，整整過了三個小時，疼痛才開始「稍有減緩」。子彈蟻的刺痛如此強烈，是因為牠不像蛇或蜘蛛，分泌毒液是為了要捕捉或消化獵物，這些小螞蟻只有一個目的：防禦。這種讓人想把手砍掉的疼痛，主要是由一種小型胜肽針蟻毒素（poneratoxin）造成。每隻子彈蟻儲存毒液的地方，約只要一微克（百萬分之一公克，雖然量很少，對微小的子彈蟻而言，按比例換算相當於人類的半公斤）的量，就足以讓受害者陷入無助的悲慘狀態。這種化合物會影響神經元上的「電位閘控型鈉離子通道」（voltage-gated sodium channel），使得神經細胞陷入瘋狂。肌肉因此失去控制，負責傳遞疼痛訊息的神經元一直受到刺激。劇烈的疼痛會持續數小時，你全身的細胞完全無法抵抗那小小的胜肽毒素。這種毒素傳遞出清楚的訊息：「退後。」這種疼痛足以讓任何潛在的敵人確信，干擾牠們是絕對的錯誤。光是想到這種毒素的生理效應，我就不寒而慄。

能跟著我從亞馬遜溜回夏威夷的動物，當然也就是子彈蟻了，我清洗那些沾滿泥巴與汗水的衣物時，發現了一隻。我瞪著牠，簡直不敢置信——有一隻子彈蟻在夏威夷。幸好我拿出洗好的衣物、在洗衣機底部看到這隻小惡魔時，牠已經死了，應該吧。這隻螞蟻應該是藏在衣物裡的。我打包行李、拿衣物出來清洗時，都沒有戴手套。這隻螞蟻刺中我的機會有多高呢？我用手邊的長鑷子夾起這隻螞蟻（我經常用這支鑷子夾貝類和螃蟹餵我養的河豚，除此之外還真不知道什麼時候會用上），確定牠死透了。的確死透了，很好。我鬆了一口氣，把牠從洗衣機夾出來。

這隻小螞蟻長不到兩公分，看起來……完全無害。

大約在一個星期前，我也用類似的鑷子夾著一隻類似的螞蟻，那時我人在塔博帕塔研究中心（Tambopata Research Center），和亞倫．波梅蘭茨（Aaron Pomerantz）、法蘭克．皮查多（Frank Pichardo）與傑夫．克雷莫（Jeff Cramer）一起，在波梅蘭茨住宿的房間裡架設攝影器材。克雷莫是世界知名的攝影師，他為經營研究中心的公司工作。波梅蘭茨是受雇而來的生物學家。皮查多是當地的攝影師兼嚮導，前來支援。這隻子彈蟻是活的，而且脾氣很大，正是那些男生想要的模樣，如此一來才能拍到可怕蟻刺的近距離高解析相片。他們挑剔地調整閃光燈和鏡頭的細節時，我夾著那隻扭動的憤怒螞蟻，害怕得不得了。那隻跟著我回家的子彈蟻，在洗衣機中轉動了那麼多圈之後，已經失去那樣的活力。好玩的是，我們那時開玩笑說讓子彈蟻刺我們一下，好體會那種感覺。（波梅蘭茨說：「可以當作這本書的趣聞。」）但我們都太孬了。我想，如果我在亞馬遜的兩個星期中一直都在躲避螞蟻，最後回到夏威夷的頭三天裡，卻一直感受到「那純粹、劇烈又鮮明的疼痛」，這件糗事可能會讓我一輩子蒙羞。

我把螞蟻夾到一張紙上，放在茶几，然後上床睡覺。隔天早上，當我想把這個意外的紀念品放進酒精瓶時，這隻子彈蟻已經不翼而飛。被風吹走了？我在地板上沒找到。前一晚被什麼東西給吃掉？我只能這樣想了。我是說，這隻螞蟻不可能復活然後跑掉了，對吧？

對吧？

從這天起，我坐在沙發上時都會覺得緊張。

你一生中很可能至少被有毒動物螫咬一次，運氣好的話是被蜜蜂叮，牠們的毒液也是用於防禦。你將體會到使用毒液所要傳達的訊息：離遠一點。疼痛是逼退掠食者的絕妙方式，這些分泌毒液的動物找到了各種引發疼痛的方法。許多毒液利用了神經系統，讓身體的神經發出訊息，產生疼痛和灼熱感，實際上這些傷害並沒有發生。例如蜜蜂毒液中主要成分是蜂毒肽（melittin），會把細胞膜中的某些分子切斷，將其變成訊息化合物，激發在周邊神經中負責感受灼熱感的神經元。所以，如果你認為被蜜蜂刺到的疼痛像是火燒，這感覺完全正確，因為蜂毒肽讓你的神經系統相信真的是有火在燒。黃蜂和水母也利用了相同的反應路徑引起疼痛，不過牠們使用的是不同的化合物。對於把毒液用在防禦的動物中，我有興趣的是另一種完全不同的類群——花了我五年半時間研究的有毒獅子魚。

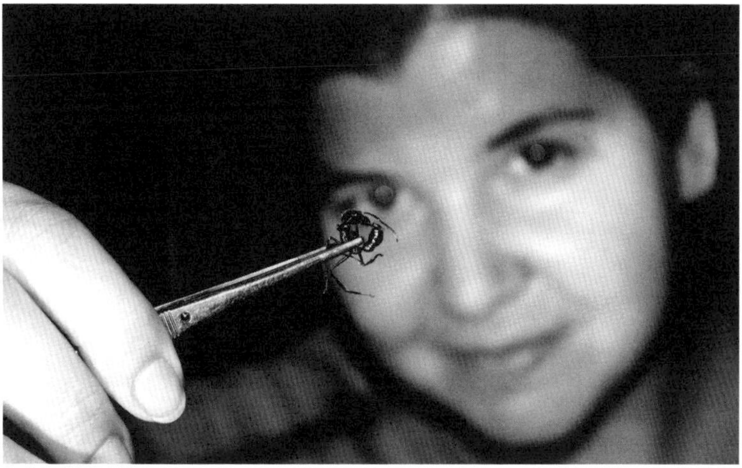

在亞馬遜的塔博帕塔研究中心觀察一隻子彈蟻。
（照片提供：亞倫．波梅蘭茨）

子彈蟻那令人難忘的毒刺。
（照片提供：亞倫．波梅蘭茨）

如果你在夏威夷的卡內奧赫海灣（Kaneʻohe Bay）沿著礁坪往外走，會意外發現水馬上變深了，腳下的地面變得幾近垂直，往下直掉三十多公尺。慢慢沿著陡壁下潛，會發現眼前突然出現一片美景：彩色的魚在珊瑚四周游動，熱帶海鰻從岩洞中伸出頭來張大著嘴，豔藍色的海蛞蝓像我的手指那麼大。我戴著水肺，接近懸崖底部，往南游去，找尋前後貫通的小洞穴，獅子魚特別喜歡待在裡面。夏威夷本地的獅子魚和其他地方的獅子魚一樣，白天喜歡躲在岩石下或是縫隙中，到了晚上才出來獵食。我希望在仔細尋找下，能發現一條難以遇見的美麗獅子魚。我需要找一些帶回實驗室，好研究牠們的毒液，以便了解這種魚類所製造的毒素是如何演化出來的。

有些人潛水時漫不經心，可是我牢牢記住之前潛水教練的警告：「每次潛水都是用身體做實驗。」在三十多公尺的深處，身體所承受的壓力是在海平面上氣壓的四倍。潛水的守則之一是要持續呼吸，如果你在深水之下屏住呼吸，上浮的過程中體內的氣體就會膨脹，進而摧毀肺臟組織。我進入洞窟中，四周一片黑暗，我一直提醒自己要保持呼吸。**吸氣、呼氣**。我的心跳變快了一些。洞很小，距離頭頂上的岩壁大約只有十多公分，這裡可能是我在水下的喪命之地。我抗拒內心的死亡恐懼，不斷提醒自己很安全：洞窟很大，氣瓶供氣充足，我在呼吸。我把燈光照向上方岩壁，尋找獅子魚。我檢查深度：一百零九呎。水流來回推著我，我得用手撐著岩壁穩住身體。

但是我沒有看清楚，那塊岩壁上的突起不是岩石，而是毒擬鮋（*Scorpaenopsis diabolus*）。牠是一種可怕的鮋科魚類，身形難以一眼察覺，三十公分長的身體上有一排毒刺，名符其實地毒。我的呼吸停了一下。

毒擬鮋是一種凶殘的魚類，如同其他同為鮋形目（Scorpaeniformes）的魚，牠們是潛伏性掠食者，有如岩石的外貌更有助於這種掠食策略。這些魚類強壯堅韌又具備毒刺，面對危險時很少退縮。雖然許多魚類具備棘刺，但是鮋形目中的種類眾多、變化很大，共有一千六百多種，其中包括了蠍子魚（scorpionfish）、獅子魚，以及惡名昭彰的石頭魚（stonefish），牠們都很會利用棘刺。這些棘刺不只刺傷掠食者，上面還有分泌毒液的組織。這些組織埋在魚背部十多根棘刺的溝槽中，只以一層薄薄的皮膚覆蓋。遇到危險時，毒擬鮋會挺直身體，讓棘刺豎起來，等著那些掠食者搞清楚自己找錯了對象。而且就像其他有毒動物，牠們也具備斑爛的色彩。如果給毒擬鮋一些時間，或是在一定的距離外激怒牠，牠會翻轉胸鰭，把隱藏在下方的鮮紅、橙黃和黃色的花紋顯露出來。這是牠發出的警告訊息：小心前進，危險在臨。如果沒有忽略這個訊息，你就會發現毒擬鮋是很仁慈的，因為牠事先發出了警告。

棘刺刺入身體後，覆蓋在毒腺上的薄薄皮膚組織可能被往後推或是破碎，毒液組織中各式各樣的蛋白質和胜肽便滲漏出來，進入血液，沿著我的手指往上散播。其中有些成分會影響循環系統，以確保毒液隨著脈動更快流入體內。其他成分的目標是神經細胞，它們作用於神經的間隙連接（communication junction）上，使得鈣離子與鈉離子快速地流過細胞膜，釋放出大量的神經傳遞物質乙醯膽鹼（acetylcholine）。乙醯膽鹼是最早被發現的神經傳遞物，發現它的德國生物學家奧托・勒維（Otto Loewi）因此得到了諾貝爾獎（他發現，用電刺激搏動中的青蛙心臟的神經，這個心臟所釋放出的化學物質足以改變另一個心臟的搏動速率）。乙醯膽鹼是細胞之間主要的傳訊分子之一，功能眾多，包括刺激肌肉和感覺神經元。感覺神經元會把身體有問題的訊息傳到腦，腦會把這些訊息解釋成疼痛。魚的毒液矇騙了這些細胞，讓細胞沒有原因就活躍起來。事實上並沒有發生凍傷、灼傷或是外傷。

當毒液擴散到全身，首先會感覺到強烈的疼痛，而且無法想像為何會痛，因為沒有任何看得到的原因。毒液欺瞞了神經系統，讓我們覺得身體組織全都快要毀了，事實上什麼傷害都還沒發生。毒液利用了神經系統，讓疼痛散發出去，藉此達到對抗攻擊的目的。全身性的反應才是真正的殺手鐧：這疼痛如此強烈，甚至引發休克。血壓和心搏會快速下降，使得受害者無法行動或陷入昏迷。在這個洞穴中，我面對的是一個嚴重的問題——我所處的地方離醫療援助遠得很，而且沒有了潛水裝備就無法呼吸。

一九五九年，備受敬重的生物學家漢斯．史坦尼茨（Heinz Steinitz）在期刊《*Copeia*》上發表一篇文章，其中描述了遭遇獅子魚所發生的不幸事件[6]。獅子魚具有火紅色與白色條紋，是鮋形目中最漂亮的一群，讓牠們成為極受歡迎的觀賞魚類，潛水者則喜歡欣賞牠們在大自然中的模樣。史坦尼茨在紅海的海邊游泳時，偶然遇到一條在水底沙上休息的年輕獅子魚。大部分的獅子魚白天時不是在岩石邊狩獵，就是躲在岩石縫隙裡，所以他好奇這條魚奇特的行為。他靠近後伸出手臂，接著發現這條魚轉身，把背鰭朝向他的手。身為科學家的他阻止不了自己的好奇心，伸出手好幾次，想要知道這條魚是怎樣轉身，而且總是讓背上的棘刺對準自己的位置。然後悲劇發生了。「牠移動的速度快過我躲開的速度，更糟的是，也比我預估的迅速。我的實驗瞬間就結束了。」

不到十分鐘，疼痛便從被刺到的手指擴散開來。「難以言喻的疼痛折磨著我，而且這疼痛越來越嚴重……我想要坐著、躺在地上、或是站好，但痛得怎樣都辦不到。我得快點跑開。這是種很奇特的經驗，我很明白這不會致人於死，但又覺得從來沒遇過這樣糟糕的狀況。事實上，我快要被逼瘋了。」他很幸運是處在淺水中，又靠近岸邊，可以很快遠離造成傷害的地方。而且他只被兩根棘刺戳到，獅子魚是鮋形目中毒性最低的。

雖然被分泌毒液的魚刺到通常不會致命，但不幸的是，死亡可能是副作用之一。被毒魚刺到的人，可能在受盡幾個小時的折磨後死亡；被子彈蟻叮刺過，也會有好幾個小時處在令人抓狂的疼痛中。獅子魚造成的死亡案例雖然罕見，不過相關的紀錄讓人畏懼，例如牠們曾經贏得「世界上毒液最強的魚類」稱號。獅子魚的名稱來自牠們誇張的偽裝外貌（有些人認為那種外貌不是「隱藏偽裝」，而是「醜陋不堪」[7]）。對於獅子魚棘刺造成的劇烈疼痛，醫學文獻上有恐怖的記載，一篇論文描述道：「在十到十五分鐘內，受害者不是陷入崩潰就是精神錯亂，胡言亂語、掙扎扭動。」「如果涉水時被刺到，得要三、四個人才能架住受害者離開海岸而不至於淹死[8]。」另一篇文章描述說，這種痛苦「非常可怕」，足以「讓人陷入極端狂亂，甚至有可能造成死亡[9]」。

我這次在洞穴中的運氣不錯。毒擬鮋看到我的手伸過去，便翻起胸鰭的彩色內側，警告我不要犯錯。這讓我有足夠的時間緩下手。毒擬鮋遭到威脅時，通常身體會挺直防備，但是這一條並沒有如此，而是從我手邊游走了。

魚類中並不只有鮋魚會分泌毒液，刺魟也具有引起疼痛的毒液。如果不走運，手腳碰到能分泌毒液的魚類，那真是可悲的錯誤。許多人曾描述，犯下這個大錯的回報是難以想像的疼痛，伴隨而來的症狀還有冒汗、噁心、反胃、心跳速度改變和休克。雖然這些結果恐怖又難受，但是大部分人被毒魚刺到並不會死亡，因為死亡並非那些魚想要造成的結果。最早因分泌毒液魚類致死的故事中，致命的一擊實際上是由人類發出，只不過用到了刺魟的毒液。這是個傳說，某個版本的故事如下：預言家忒瑞西阿斯（Tiresias）告訴神話中的戰士兼旅行家奧德修斯（Odysseus），他的死因來自海洋[10]。可是奧德修斯得到的神諭是他會死在自己兒子手上，因此不可能死在海上。特洛伊戰爭結束、返回家鄉後，他特別留意自己的兒子忒勒瑪科斯（Telemachus），卻完全忽略了他在回鄉的漫長旅程中，和女巫瑟西（Circe）生下的兒子忒勒戈諾斯（Telegonus）。小兒子很想見到父親，於是前往奧德修斯的故鄉伊塔卡島（Ithaca），這時奧德修斯才剛回鄉。忒勒戈諾斯剛到島上非常飢餓，便想要偷獵牲畜，這群牲畜的主人就是奮起抵抗的奧德修斯。忒勒戈諾斯完全不知道和他打架的正是自己的父親，結果用矛刺傷了他。這支矛很特殊，尖端是刺魟的刺。奧德修斯受傷之後，在極度的痛苦中發現兩則預言都成真了，然後慢慢地死去。

奧德修斯的死亡是傳說故事，現代提到因魚類毒刺身亡的例子，大多數人會想到史帝夫．厄文（Steve Irwin）。這位著名的澳洲電視節目主持人，在拍攝《海中最致命生物》（Ocean's Deadliest）時去世，這個可怕的巧合發生時他才四十四歲[11]。他曾與鱷魚扭打，或是擒抱地球上最大最險惡的動物，沒有人料到他會死於忒瑞西阿斯曾經預言過的動物手上。厄文就和奧德修斯一樣，死於刺魟之刺。刺魟是地球上最溫馴的動物之一，熱門的旅遊景點會安排導覽行程，讓觀光客站在淺水中，任由這些危險的魚類在腳邊游來游去，觀光客可以親手餵食牠們。我們會覺得這種魚一點都不危險。世界各地的水族館會把刺魟放在觸摸池中，讓來訪者摸牠們光滑柔軟的鰭。那天潛水時，厄文可能完全沒有多想，但是突然間，一條溫馴的巨大刺魟轉身，尾部的刺插進了他的胸膛。如果刺魟的刺只是插入肌肉，雖然會非常痛苦，他仍有可能活下來，可是刺穿過了肋骨之間的縫隙，插到心臟導致死亡。

刺魟和鮋魚在演化道路上很早就分道揚鑣（刺魟這類軟骨魚大約在四億兩千萬年前，便和硬骨魚分開演化了），但是兩者的毒液滿類似，都能刺激神經細胞、引起劇烈疼痛，主要的毒素也都是蛋白質。不過鮋魚背上有一排棘刺；刺魟的毒刺只有一根，長在尾部。這種刺宛如可怕的刀劍，邊緣有鋸齒，像求生刀那樣足以刺穿血肉。為了避免這根十多公分長的鋸齒刺威嚇力量不足，上面還充滿劇毒。硬刺外層包圍含有毒液的組織，當刺穿進血肉，組織破碎，其中的毒素便釋放出來。由於刺上面有鋸齒，除非是受過訓練的外科醫師，否則很難在不造成更多的傷害下取出刺來，因此這時受害者面臨困難的抉擇：是要留住刺讓更多引發疼痛的毒液進入全身，或是冒著流更多血的風險拉開血肉好取出刺來。

更糟的是，這些分泌毒液的魚類很容易就刺到人。蠍子魚和石頭魚的外貌像是牠們棲息地中的礁石岩塊；刺魟的身體扁平，可以埋在沙中不易被發現。人們在海灘上快步走入淺海時，很容易忽略牠們的存在。

分泌毒液的魚類不只揭示了引起疼痛的毒素的演化過程，也讓科學家得以研究維持毒性所需的天擇壓力。有人會想說，這些魚和吃牠們的動物之間可能出現共同演化，如同眼鏡蛇和貓鼬那樣。不過到目前為止，還沒有人研究這個題目，甚至沒人知道應該找哪些掠食者。就算有，科學家並不確定哪些動物是以分泌毒液的魚類為食。我之所以決定研究分泌毒液的魚類，便是因為我們對這些迷人物種的毒液演化幾乎一無所知。我最感興趣的是鮋形目，世界上分泌毒液的魚類大多屬於這一目，不過其中也有許多不具惡名的物種。像我這樣的科學家無法理解的是，蠍子魚、獅子魚和石頭魚這些分泌毒液的類群，彼此在親緣關係上不是最接近的。雖然牠們擁有的毒素蛋白質相似到令人難以置信，而且都是由同樣的基因產生出來，但石頭魚和其他兩類的親緣關係還滿遠的，彼此間隔著許多沒有毒的類群。難道在這個目中，毒液演化不只發生過一次？好像並非如此，因為這一目魚類所製造的毒素，和其他已知的毒素都截然不同，甚至和其他已知的毒素蛋白質也都不一樣。那麼，在那些無害的類群中，牠們的毒液為什麼不見了？

我發現在鲉形目中有些不產生毒液的物種，牠們依然具有毒素基因，只是製造得比較少，隨著時間流逝，隨機突變使得毒性降低。澳洲毒液科學家佛萊在研究有毒的蛇類、蜥蜴以及與牠們相近的無毒物種時，也觀察到同樣現象。他發現，無毒蛇類也會製造少量的毒液蛋白，這徹底改變了我們對有毒爬行動物的看法。佛萊主張，爬行動物中的蛇類和蜥蜴有毒，並非各自演化出來的結果，而是所有會分泌毒液的爬行動物，以及牠們不會製造毒液的近親，都源自同一個會製造毒液的祖先。他解釋：「在演化的過程中，沒有什麼會真正消失不見。」

如今，科學家把這條含有能分泌毒液的爬行動物分支，稱為「有毒類」（Toxicofera）。有毒類祖先的唾液中有類似毒素的蛋白質，可能是用來防禦入侵的細菌或微生物。在時間的流逝下，這些毒素慢慢地發生改變，而產生了全新用途：捕食。有毒類動物後來演變得多采多姿，部分物種改變掠食方式（例如有些蛇用絞殺），或是改吃植物（例如鬣蜥蜴），維持毒性的壓力便減弱了，最後演變成一些能分泌劇毒的類群散布在許多毒性低的類群之間。

鲉形目的狀況也是一樣，這或許能解釋牠們為何能成為目前魚類中多樣性最高的一個目。毒液是早期維持生存的重要關鍵。在白堊紀的海洋中，滿是鯊魚這般感覺敏銳、行動靈活的敵人，光躲藏是沒有用的。有了毒液，便能對抗各式各樣的掠食者，得以保護自己。不過這種造成劇烈痛苦的毒液最初是怎樣演化出來的，依然是毒液科學中最大的未解之謎；我們比較清楚的是，這種寶貴的適應結果是如何消失的。

石頭魚或子彈蟻的毒液用於威嚇掠食者的效果絕佳，這是毫無疑問的，但擁有這樣強大的力量必須付出代價：製造毒液的動物必須持續產出與儲存這種有毒武器。許多毒液中的分子會持續分解，所以那些動物得天天持續製毒，舊的毒液會被分解，其成分則回收再利用。如果某個動物越需要維持某一種適應而來的能力，表示維持這個能力的天擇壓力就越強。了解一個物種變得能製造毒素的原因，會讓我們更深入認識演化；了解一個物種為何不再製造毒素也是一樣。

許多分泌毒液動物的演化分支中，物種十分豐富。蜜蜂、黃蜂與螞蟻的多樣性之高，讓膜翅目成為昆蟲中物種數量最多的目之一。鮋形目也是魚類中物種豐富的一個目。看來產生毒液是個成功的適應，能讓物種多樣性大增。但是，如果對鮋形目的魚類而言毒液如此重要，那麼同目中的平鮋屬和其他類群的魚類為何都沒了毒刺？

要回答這個問題之前，必須先了解演化的核心概念：適應性（fitness）。適應性可以描述成一個動物對於所屬的物種或是族群基因庫的相對貢獻。真人實境節目《十口之家》中的凱特・戈瑟琳（Kate Gosselin）雖然不如卡麥蓉・狄亞茲（Cameron Diaz）那般風趣，也不如歐普拉（Oprah Winfrey）那般有錢有勢，但是如果要比演化適應性，她就勝出了——因為她有八個小孩，其他兩位沒有。她的基因可以傳遞下去，其他兩人的基因則是走到了末路，所以她的「適應性」是最強的。在演化中，最重要的事情是生殖。生存很重要，但是活下來的目的是生殖。重要的是你留下了多少後代，以及你的後代又留下了多少後代。在單一個體中，能夠增加個體適應性的特徵會傳遞下去，使得這個特徵在族群中出現的頻率有機會增加，最後改變該物種的演化過程。

要說出哪一個個體適應性最強，往往不太容易。有時的確是那些移動得最快、力量最強、體型最大的個體最適應，但有時適應性取決於物質環境與社會環境，奇特的特徵可能別具優勢。例如性擇便是一種惡名昭彰的演化驅力，讓個體擁有非常糟糕的特徵。性擇通常發生在雌性挑剔雄性的狀況。當然，每個個體都可以宣稱自己的基因最好，可是在不利的狀況下能餵飽自己或是逃離掠食者，才能傳達出演化生物學家所稱的「誠實訊號」（honest signal），雌性據此選擇在不利條件下依然能成功生存的雄性——例如選擇尾羽最長的雄孔雀（長羽毛會拖累行動），或是選擇叫聲最大的牛蛙（響亮的叫聲會讓掠食者知道自己所在之處，前往交配的雌蛙也必須冒險）。所以，這些雄性的「適應」是否會危及自身並沒有那麼重要，冒這個險是值得的，如果牠們交配成功、產下最多的後代，這種特徵就會傳遞下去。

要是能追溯有毒動物的祖先，理論上你可以發現那些最先分泌毒液的個體。牠們複製遺傳的機制可能偶爾出了點小問題：基因發生突變，或是某個基因毫無必要地多了一份，但這種錯誤可能讓個體多了些微優勢，而牠們把這項優勢傳給後代，這些後代也有後代，有用的錯誤便這樣傳播開來。

目前科學家認為，大部分的毒液成分最初來自免疫系統基因的產物，特別是那些對抗感染或寄生物的酵素。這些基因後來發生了小變化，複製多了一份。分解細菌細胞壁的酵素也能產生具有生物活性的脂質，這些脂質影響了神經元的活性；破壞有害寄生物的蛋白質也能破壞受害者的血肉。不難想像同樣的酵素、蛋白質或其他分子，在經過漫長時間的各種機會下，逐漸開發出新的功用。不過，毒液雖然能提供巨大的優勢，產生毒液卻也耗費了巨大的成本，如今科學家才開始了解這個成本有多高。

有些研究指出，想知道製造毒液的代價有多高，實驗的方式是計算動物在分泌毒液之後，經由新陳代謝補充毒液時，需要消耗多少能量。這些研究會測量休息代謝率（resting metabolic rate），這是動物在休息狀態時消耗的能量。休息代謝率反應出需要維持身體基本功能所需的熱量多寡，這些功能包括呼吸、血液循環等，和運動所需的能量無關。我們也會測量人的休息代謝率，例如計算健身計畫的成效時，會看是否能藉由健身運動增加肌肉量，因為肌肉在休息時同樣會消耗能量。我們也可以計算個體從事生殖適應性行為所消耗的能量成本，例如懷孕時維持胎兒生命所用掉的能量。我們說孕婦「一人吃兩人補」，的確有幾分正確，胎兒所消耗的能量[12]會使孕婦的休息代謝率提高百分之二十一。

製造毒液的代謝成本也很高。有一項研究指出，蛇類為了補充毒液，在三天之中休息代謝率會增加百分之十一[13]。另一項研究發現，澳洲眼鏡蛇科中的南棘蛇（death adder）在製造毒液的頭三天中[14]，基礎代謝率提高了百分之二十一。換句話說，在釋放出毒液之後，會有十分之一到五分之一的總能量用於製造毒液上。相較之下，大部分的研究指出，一般人在規律的高強度運動數個月後，基礎代謝率只提高了一點點，平均不超過百分之十[15]。所以對蛇來說，製造毒液的成本相當於規律的劇烈運動，或更像是懷孕。在其他動物中，成本甚至更高。補充毒液的八天中[16]，蠍子的基礎代謝率提高了百分之二十到四十。製造毒素是非常消耗能量的！

如果製造毒液的成本高，我們可以推想，那些動物只有在絕對必要的狀況下才會勉強使用。證據在於這些動物會算計毒液的用途，也就是讓毒液的使用最佳化。珍貴的毒液只會在牠們覺得需要時才會用。的確，在許多研究中發現，那些能夠分泌毒液的動物，在沒有必要或效果不彰的情況時，會盡量不使用毒液[17]。成年蠍子的武裝除了毒液之外，還有稱為鬚肢（pedipalp）的巨大強壯螯狀附肢，可用來攻擊與制伏獵物，如果不成功才會改用毒液。蠍子還會看獵物的體型來決定是否使用毒刺，大的獵物更常被毒刺攻擊，小的獵物往往不需要毒液就能搞定。部分研究發現，蠍子在捕食的時候，使用毒刺的比例不到三分之一。蛇類的情況也類似。當毒蛇為了攻擊、張口噬咬時，幾乎一定會射出毒液，但是在咬人的時候，卻有二到五成是不會使用毒液的[18]。因為這些蛇咬人並不是想要吃人，如果光用咬的就可以嚇阻，不浪費珍貴的毒液才合理。

每個個體能使用的能量有限，為了適應性，必須把能量花在找尋伴侶交配以及產下後代。你的身體會決定在你剛吃下的漢堡中，哪些熱量用於生長、肌肉運動、當成脂肪儲存以便將來使用，以及其他許多可能的用途。身體會基於食物多寡、伴侶和獵物等狀況，分配能量的使用方式，連想都不用想。演化是一絲不苟的會計師，對於一角一分的錯誤花費，都會無情地給予懲罰。

回到白堊紀晚期，大約六千五百多萬年前，海洋的主宰是凶惡的鯊魚、巨大的海棲爬行動物，以及其他有利牙的動物。某條古老鮋形目魚類幸運得到了能產生毒液的突變，使得後代子孫有辦法存活並且變得多樣。但是當海洋發生變化，生存壓力也隨之改變，對那條魚的某些後代而言，維持毒液的製造成了不必要的浪費。有些後代依然主要使用毒液來防禦，例如石頭魚、獅子魚和蠍子魚。其他種類雖然因為隨機突變破壞了製造毒液的能力，但是在生存和生殖上都與有毒的親戚表現得一樣好，甚至更好。即便沒了毒刺，我們仍可在牠們的基因體中發現曾經存在有毒蛋白的蛛絲馬跡。平鮋魚和其他類群的魚便是這樣誕生的。

我可能已經避開了子彈蟻的劇痛螫刺（就目前來說……），也從未被獅子魚之類的毒魚刺過，不過對於躲避這些毒害的紀錄，我並非完美無缺。我指的不是蜜蜂或黃蜂，只要在這個世上活了幾十年，幾乎每個人都曾被牠們刺過。悲哀的是，螫到我的刺上面含有非常劇烈的防禦性毒液，引起的疼痛在施密特疼痛量表上的分數超過三．〇。

現在回頭想想，那不是我做過的聰明事，當然也不是最蠢的，不過在蠢事排行中可以進入前十名。我應該很清楚才是。在事發的前一刻，我腦中響起尖叫聲，情況不對，我得停下來，繼續下去肯定不會有什麼好事。但是我沒有聽從這個聲音，而是空手伸進箱子，抓起那個該死的海膽。

許多年來，我會在四月某一週早上教夏威夷小學二年級的學生認識海洋生物。每天大約有五十多名小朋友和他們的父母、老師，來到威亞奈島（Waianae）上的梅利海灘公園（Maili Beach Park），那兒有幾個美麗的潮間池。他們帶著透明塑膠盒、網子，穿著適合在礁岩上活動的鞋子，在約莫一、兩個小時的活動中，收集眼前的海洋生物，包括各式各樣的海蛞蝓、寄居蟹、裸鰓動物、海膽與陽隧足。大膽的父母親會彼此合作，捕捉小鰻魚。有時他們會找到章魚或是琵琶魚（frogfish），然後把這些活生生的寶物放到水桶中，好等著拿給我和自願來當助教的幾位研究生看，辨識種類。小朋友會聚集在一起，聽我和研究生說明關於他們找到的生物的有趣知識。我們會解釋說，寄居蟹和牠們殼上的海葵彼此有共生關係，或是白棘三列海膽（collector urchin, *Tripneustes gratilla*）不論找到什麼都會覆蓋在自己身上，用來躲避掠食者。他們會連聲高叫。看到他們摸黏糊糊的海兔或手指被陽隧足搔到時臉上展露出笑容，是身為生物學家的我所得到最美好的事物之一。

有人可能會認為，那麼多小孩跑來跑去，整個過程恐怕難以掌控。其實正好相反，這是我參與過計畫最周詳的野外活動之一。這些年來，我總是驚嘆這幾天的活動全都那麼流暢而輕鬆。每個小朋友都有成人陪伴，通常是父母，他們會把孩子們聚集起來，並且遵守規矩。在小朋友抵達之前，老師早就先到海灘準備了。我要做的就是帶領做研究的朋友一起出現，回答關於海洋無脊椎動物的問題。每件事情都井井有條。

當然，那天例外。

那天，海灘上出現另一個學校團體，他們沒有事前確認這片海灘是不是已經有人預定使用。那天，來參加活動的小孩與父母已經比平常多出二十幾人，再加上那個學校來的五十多人。那天，他們不得不走得更深入海中，所以每個人一找到動物就拿回來了。我的助教比平常少，其中一個還是我分手不到一星期的前男友。然後，那天居然有人找到了「瓦納」（wana）。

「瓦納」是夏威夷語，指的是冠海膽科（Diadematidae）的海膽。夏威夷大約有二十多種海膽，其中絕大多數是無害的。生長在岩石上的梅氏長海膽（*Echinometra mathaei*）和橢圓長海膽（black boring urchin, *Echinometra oblonga*），當地人稱之為「伊納」（ʻina）。這種海膽難以挖取，不過牠們具備了粗壯的棘刺，所以非常適合用來教學，讓小朋友知道這些棘刺銳利到看起來危險，但沒有銳利到造成傷害。白棘三列海膽在夏威夷稱作「哈瓦耶」（hawaʻe），是當地人喜愛的美食。盔海膽（helmet urchin, *Colobocentrotus atratus*）和石筆海膽（pencil urchin, *Heterocentrotus mamillatus*）都沒有尖銳的棘刺，用力握住不會被刺傷。當然，還有「瓦納」：冠海膽屬（*Diadema*）與冠刺棘海膽屬（*Echinothrix*）的海膽，特別是環刺棘海膽（*E. calamaris*）。不幸的是，有些環刺棘海膽上面的環狀條紋並不明顯。

對於沒受過專業訓練的人來說，環刺棘海膽看起來有點類似橢圓長海膽。對於被失控的小二生包圍、又想在分手後一週首次見面的前男友面前裝酷的研究生來說，兩者也有點類似。當然，這兩者是非常不同的。冠刺棘海膽屬的海膽有兩種棘刺：比較主要的長刺和相對細的短刺，後者怎樣都要避免碰觸。環刺棘海膽就如同冠海膽科的海膽那般，看起來不會造成什麼威脅，但是牠具備了能引起強烈疼痛的劇毒，從透明塑膠盒中直接拿起這種海膽，真的不是好主意。

當時我分心了，不過我知道盒子裡的黑色海膽和其他的海膽都不一樣。牠比較大、棘刺比較長而且尖銳，看起來就是不對勁，但我還是決定要拿出來。小朋友在我周圍騷動，我的情緒已經被逼到極限，我得認出盒子中的動物種類，好讓我周圍的小傢伙們坐下來，告訴他們發現的動物是什麼。當我摸到那個海膽，當下就知道犯下大錯。六根短棘刺入我的手指，棘刺釋放出的深紫色液體讓傷口變色。我心中響起成串髒話，得咬緊牙根才不讓這些字眼冒出來。我知道事情不妙了。

傷口很痛，不過一開始我覺得我撐得下去，便忍住疼痛繼續上課。其他志願助教還在海中，沒有人在海灘上顧這群小朋友時，我不能離開。我小心翼翼地舉高被刺的手，繼續把那些盒子和水桶中的動物分門別類。不過從手指傳來的疼痛越來越劇烈。大約過了十分鐘，我開始覺得頭昏眼花、噁心想吐、胸腔悶緊。我的前男友走過來抱住我的腰，關心我的狀況，就好像他還是我男朋友那樣。我受不了了，呼吸困難，我得離開把棘刺取出來。

海膽的刺不會致死，不過當灼熱、強烈的疼痛從腫脹的手指擴散開來、同時還要強忍嘔吐感時，讓人輕易就忘記這個事實。我從海灘蹣跚走到急救站，在小孩子遠離聽不到時馬上低聲咒罵。疼痛感越來越劇烈，我肯定感受到了毒刺引起的全身效應，醫學文獻上是這樣描述的：「暈眩、心悸、肌肉麻痺、血壓降低、支氣管痙攣，可能會發生呼吸窘迫[19]。」

我很快掃視急救站的物品，可惡，沒有醋酸也沒有熱水。這兩種東西各有用處。熱讓毒液成分失去活性，酸能夠溶化棘刺。我絕望地在急救包裡翻找鑷子，刺已經留在我的指頭上快要半個小時了，毒液正慢慢流入我的體內，我得……啊哈！找到鑷子了。我把鑷子尖端放在棘刺底部，用力拉，劇烈的疼痛從指頭傳來，我鬆了口氣，但那根棘刺卻沒有鬆開。我不知道我能不能把刺全都拔出來。

幸好另一位研究生這個時候來了，她仔細地把我手上的六根刺拔了出來，幾分鐘後疼痛便減緩了。不到一個小時，我就可以回去（小心地）把今天的工作完成。這是我第一次體會到海洋生物防禦性毒液所引發的劇烈疼痛，希望這也是最後一次（可能有點天

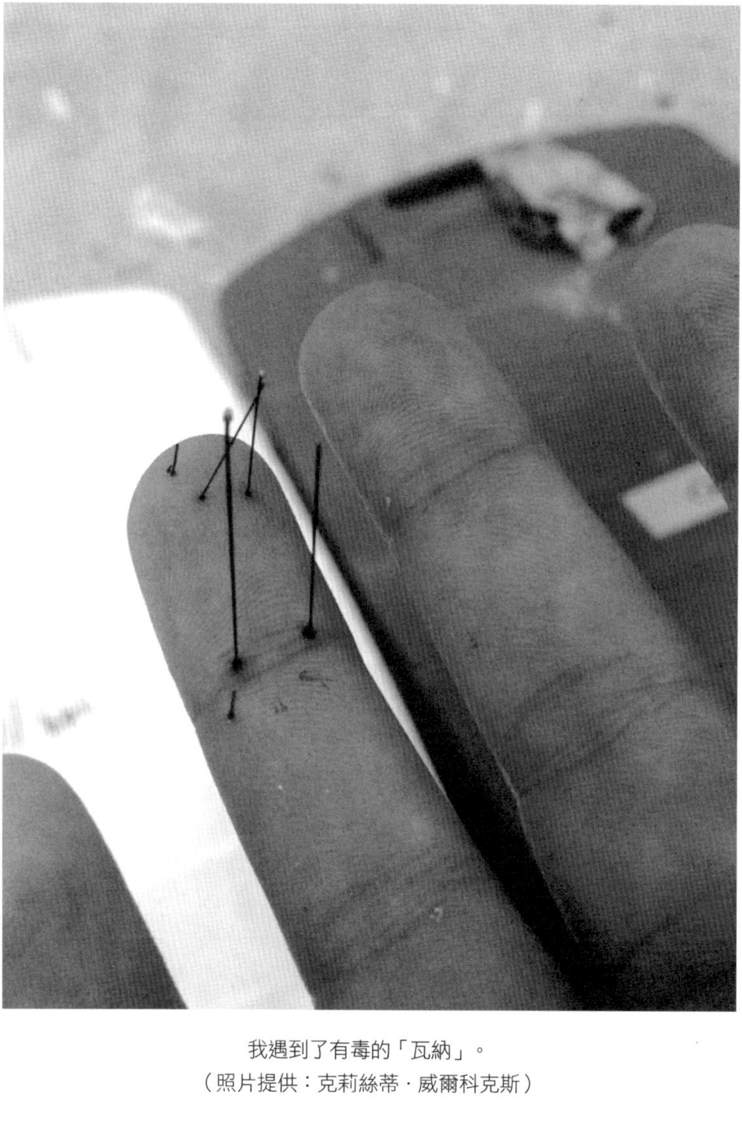

我遇到了有毒的「瓦納」。
（照片提供：克莉絲蒂・威爾科克斯）

真）。

身為科學家，我想知道為何「瓦納」有強烈毒性，而「伊納」沒有。我們知道有些分子使得防禦性毒液引發劇烈疼痛，我們也知道為什麼這些物種具有毒液，可是我們不曉得這些毒液最先是怎樣出現的。那些最基本的事情我們當然清楚：有潛力製造毒素的基因被隨機複製了，既有的執行原來的工作，額外的就有機會保留隨機突變，產生新的功能。這和掠食性毒素的產生方式一樣，新複製出來的基因擺脫原來的責任，有空間發展出全新活性。但是，是哪些天擇壓力讓這些毒素的強度增加，這樣高強的毒性又是如何維持的呢？

對於蛇和其他用毒液捕捉獵物的動物而言，我們很清楚牠們毒液的運作方式，也知道所有相關的對象。我們可以研究物種之間的共同演化，有些已經演化出抗毒能力。我們可以檢查掠食性毒液活性與受害者身體之間的關連，發現共同演化這隻神祕的推手打磨著毒液中的成分，好讓其中的毒素正好用來捕捉或是消化獵物。

但是防禦性毒液不同。這類毒液作用於許多會掠食自己的動物身上，這些動物的生理系統特性可能南轅北轍。例如子彈蟻為了保護巢穴，可能需要對抗哺乳動物、鳥類，甚至爬行動物，但牠們的毒液卻不會對自己的身體造成相同的劇痛，這意味著使用防禦性毒液的動物，能免於受到自己製造的廣效性毒液侵害。也許有些動物會把毒素存放在特別堅固的部位，這是個好策略，但如果毒液來自於同種的其他個體，便束手無策了。有些動物自身就可以對抗毒素，完全不在意被螫咬。至於其他許多動物，我們則完全不清楚牠們是如何辦到的。

防禦性毒液中的成分會比較單純[20]，可能是為了達到廣效性所致。而且這些成分往往會作用在反應最快速的生理系統：神經系統。防禦性毒液得要快速作用才行，受到掠食者攻擊時，對方越快後悔、自己才越不容易成為食物。如果分泌毒液的魚類要幾分鐘後才會讓受害者痛苦，那麼在這寶貴的幾分鐘內，保護作用還沒來得及發揮，自己就已經被吞食消化（差不多等於死了）。神經系統傳遞訊息的速度非常快，這樣毒素才可以產生幾近即時的效應。不只是疼痛會讓掠食者得到教訓，快速產生疼痛也很重要。

可惜我們幾乎不了解作用在防禦性毒液上的天擇壓力，但是各物種的防禦性毒液後來都因趨同演化而以類似的方式激發痛覺，讓我們知道天擇的確是操控推手。如果要了解防禦性毒液的演化過程，我們還必須對毒液進行更深入的研究。科學家沒有那麼優先研究防禦性毒液的原因，我可以理解。金錢和時間往往投注在會引起嚴重症狀的毒液與產生這類毒液的動物上。我們沒有深入了解防禦性毒液，可是比較清楚知道動物如何發展出針對身體另一項系統的毒液，這些毒液會影響我們最重要的組織：血液。

第五章

血流不止

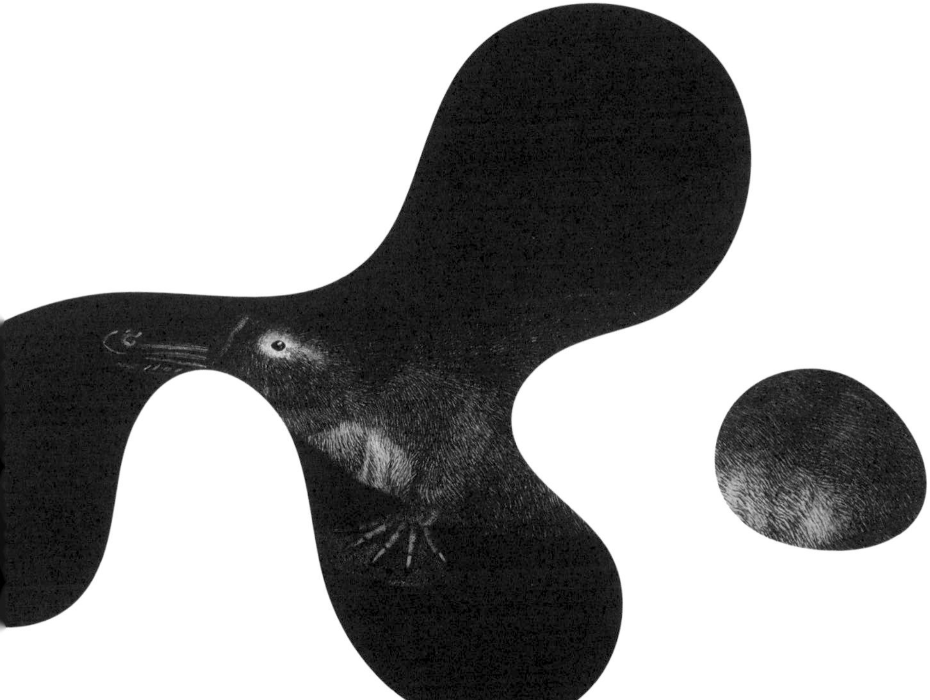

因為活物的生命是在血中。
——《利未記》十七章十一節

如果你要到祕魯的亞馬遜地區旅遊，有幾件必需品一定要帶。首先是防蚊噴液，其中敵避（DEET）的含量要高到你能忍受的極限，好預防瘧蚊和其他會叮人而傳染疾病的動物。在到處都是岩石與泥濘的地區長途跋涉數日，你需要厚襪子保護雙腳。還有雨具，畢竟那裡是雨林。要帶足夠的衣物，這樣在進入森林後才有衣服可以更換，保持乾爽與舒適。

不過我在亞馬遜的第一個星期，上述那些東西我一樣都沒有。

我在前往祕魯的途中於洛杉磯轉機，當時我很確定托運的行李有跟著我走，但事實上並沒有。我抵達祕魯首都利馬（Lima）時，才獲知行李還留在洛杉磯，要到第二天早上才能拿來給我。由於第二天早上我就要飛往馬爾多納多港（Puerto Maldonado），沿河而上到位於塔博帕塔保留區的塔博帕塔研究中心。我表示我的時間很趕。他們建議我多留一天，等行李到了再出發。我等了，但是隔天行李還是沒出現。他們保證行李來了之後（「明天就會來了」）會直接轉送到馬爾多納多港，於是我就繼續旅程。隔了五天，我才收到之前仔細打包好的衣物和野外用品。在此之前，我在森林中只穿坦克背心、緊身牛仔褲和健行鞋，帶著相機和電腦。這些都是我隨身帶上飛機的東西。

前一、兩天還不算太糟，每天晚上我把衣服晾乾，盡力讓身體保持乾淨。但是到了第四天，大雨來了，我蜷縮在溼透又沾滿汙泥的衣服裡，我的雙腳因為缺乏厚襪子的保護而長了水泡，也沒有肥皂可以用來清潔身體。到了第七天，我看起來就像是居住在森林中的野豬，光用聞的就可以知道我有沒有出現。

不過我不會因為這些不舒服，就放棄尋找不遠千里而來想見的動物。我在尋找亞馬遜地區最致死的動物——不是美洲豹，也不是森蚺，而是一種毛毛蟲，牠能夠讓人流血至死。

人類與血液之間的關係錯綜複雜，光是在《聖經》中，「血液」這個詞大約就出現了四百次。古代希伯來人認為血是生命的液體，屬於創世主，因此嚴禁吃血（動物要放血乾淨之後才能吃）。生命與血液的關連，使得血液成為一種恰如其分的祭祀品，就連經血也需要淨化。不只是以色列的部落認為這種紅色液體特別重要，世界各地也有數十種文化會灑血或是吃血（可能是為了儀式或是營養）。血液雖然有「生命的本質」這種稱號，但通常也會因為招致死亡與疾病而受到怪罪。古來許多文化中，血液被視為疾病的成因，導致衍生出各式各樣的放血手術與相關的設備。

血液可說是身體中珍貴的資產。這種液態結締組織占了體重的百分之七到八，功用是做為器官和組織之間的主要高速公路，就像是生理機能中的聯邦快遞，什麼都能包裝與運輸。肺臟利用血液輸出氧氣、輸入二氧化碳。消化系統仔細將餐食分解成能傳遞的單位，經由血液把這些燃料輸送給其他器官。血液也會攜帶全身製造出的垃圾，送到肝臟和腎臟加以排除。這個全身性的郵務系統非常有效地快速傳送營養與廢物，以確保所有器官與系統共同運作、正常運轉。血液還能運送免疫細胞，成為這種體內防禦單元的傳輸系統。

紅血球占了血液體積的百分之四十到五十，正如其名，血液的紅色來自於紅血球。這些細胞中含有血紅素，血紅素是含有鐵的蛋白質，能攜帶氧氣運送到全身。血小板只占了血液的少部分，原因之一是它們非常小，直徑只有紅血球的五十分之一，雖然每微升（microliter，百萬分之一公升）中有十五萬到三十五萬個血小板[1]，但總加起來還不到血液體積的百分之十。白血球也稱為淋巴球，是最大的血球，也是免疫系統中的核心成員。雖然白血球的體型大、功能吃重，但全部只占血液體積的百分之一。血液其餘的部分是血漿，這種淡黃色的液體中溶解了糖、脂肪、蛋白質和鹽類，攜帶著血球和血小板，占了人類血液體積的百分之五十五。

紅血球攜帶氧氣、白血球對抗感染，血小板則負責一項最重要的工作：確保我們賴以維生的血液不外流。血小板是身體的傷口反應部隊，只要血管破裂、血液流出來，血小板便會在傷口出現，製造血栓以修補破損之處。血栓可以和其他的血球細胞黏結成塊，塞住破洞，以免寶貴的血液流失。如果沒有血小板和血小板上的分子，那麼即使受了輕傷，也會血流不止。這是許多具備出血性（hemotoxic）毒液的物種（從蛾類到蚊子都有）所希望出現的效果。

想像你在巴西最南端的南大河州（Rio Grande do Sul）愉快地閒逛殺時間，突然間，糟糕到不行的事情發生了，你的手腫了起來，覺得頭暈眼花、噁心想吐，口中出現銅的味道，就像是口中有銅幣在舌頭周圍滾動。然後你身上出現大片淤青，好似被卡車撞過——當然你沒被車撞。你衝到醫院，發現自己的身體從內部開始分崩離析，血液從血管中流出來，源源不絕往不該去的部位漫去。大量的內出血可能會造成腦出血或腎臟衰竭。你發現自己身處絕境，但是對原因卻完全沒有頭緒。

你運氣不好，觸碰到了巨天蠶蛾（*Lonomia*）的幼蟲，這是全世界最毒的昆蟲之一、天蠶蛾中的明星，我去亞馬遜就是為了要見牠。許多人直到症狀出現之後才注意被這種毛毛蟲刺了，但往往已經太遲。

天蠶蛾科（Saturniidae）中Hemileucinae亞科的大部分蛾都不起眼，棕色的外表、羽毛狀的觸角，就是一般蛾的樣子。雖然成體那麼不起眼，但是幼蟲卻非常華麗。Hemileucinae的幼蟲可算是地球上最漂亮的動物，通常具有多種色彩，再加上炫麗的紅色、綠色和藍色，更重要的是牠們柔軟的身體上，每個體節都長出了複雜的樹枝狀結構，看起來就像是細心拉製成的玻璃藝品。這些精細的結構可能類似毛髮，但若以為摸起來也像毛髮，那就大錯特錯了。這些幼蟲上的「毛髮」其實是棘刺，每根尖端上都有毒液。

雖然有抗毒素可用，不過這些幼蟲每年在巴西還是殺死了一些人，通常是因為確認出凶手時已經太遲了。這種毒液造成的死亡過程極為痛苦，受害者在數小時到數天內，會因多重器官衰竭而喪命。許多動物的毒液作用於循環系統上，但是巨天蠶蛾的幼蟲在這方面可說是已臻化境，每根毛髮狀的棘刺尖端就像是小注射液瓶，受害者觸碰到之後尖端便會破裂，讓毒液傾倒出來。給一條幼蟲刺到就已經夠糟了，但是牠們經常聚集在一起，也就是說通常人們一次會被好幾條幼蟲刺到。這樣高劑量的劇毒會引發醫師所說的「出血症候群」（hemorrhagic syndrome），這種症狀的特徵是鼻子和眼睛的黏膜會出血、傷疤會出血，甚至內出血會流入腦部。

詭異的是，這種幼蟲所引發的出血症候群，一開始的原因和血流不止剛好相反：

毒液進入人體之後，其中的成分迅速作用在循環系統上，讓血栓大量出現。毒液中的Lopap（*Lonomia obliqua* prothrombin activator protein，「*Lonomia obliqua* 凝血酶活化蛋白」的縮寫，一百八十五個胺基酸長）[2]會在血液中散播，任意引發血栓形成的流程。在此同時，毒液中的 Losac（*Lonomia obliqua* Stuart factor activator，「*Lonomia obliqua* 第十凝血因子活化劑酶活化蛋白」的縮寫）[3]具有絲胺酸蛋白酶（serine protease，能切斷蛋白質的酵素）的功用，只不過結構大不相同。它也能活化第十凝血因子，推動另一個血栓形成的程序，好產生更多血栓。兩種成分加起來，使得全身血管中都自動產生血栓，醫學上稱這種狀況為「廣泛性血管內凝血」（disseminated intravascular coagulation, DIC）。光是血栓本身就足以致命，因為它們脫落後會隨著血液到處流動，最後受到阻礙便塞住了血管，造成中風。更重要的是，Lopap 和 Losac 會引發非常大量的血栓，使得身體中的血小板全數用光，當真的需要凝血的時候卻沒得用，中毒的受害者因此血流不止。雖然看不到傷口，但是流血卻完全無法控制。

相較於幼蟲，成年的巨天蠶蛾完全無害，牠們能活著的日子只有一個星期。雌蛾在這短暫的時期裡，必須找到雄蛾交配並且產卵（最多七十個）。雌蛾死後兩週半，這些卵便會孵化成致命的幼蟲。有毒的幼蟲所處的是這種動物一生中最長的階段，約有三週。在這段期間，牠們以果實為食，並且可能會因此刺到對牠們毫無警覺的受害者。

我穿著緊身牛仔褲四處尋找，沒看到我要找的毛毛蟲。矛盾的是，那種會製造出血性毒液的毛毛蟲並不是我需要多留意的。這種毛毛蟲雖然具備了最強烈的出血性毒液，作用在倒楣受害者的血液和組織上，但是牠們並不常見。分泌出血性毒液的動物中，常見的是那些食性奇特的動物，也就是吸血鬼這類恐怖電影、羅曼史小說和漫畫的主角人物的靈感來源。

科學家把吸血鬼這類生物稱為食血動物（hematophagous animals）。食血是地球上最特殊的食性，能夠分泌毒液的動物中，食血的寄生物也是最特殊的一群。所有的食血動物都會分泌毒液。為了吸取宿主珍貴的體液，牠們必須產生一類特殊的毒素，好幫助吸血。

殺死獵物是一回事，接近獵物、吸取牠們珍貴的血液然後不知不覺地逃逸，則完全是另一回事。食血動物的毒液不僅要幫助取得食物，還要矇騙獵物，以免易怒的獵物一巴掌拍死自己。因此，蚊子、蜱類、甚至吸血蝙蝠之間，毒液都極為類似。這些大自然最高明的放血者所具備的毒液中有止痛的成分，好遮掩血液流出的事實。毒液裡還有另一類能對抗宿主免疫系統的化合物，或是能掩飾吸血器官而不受免疫系統監視。此外還有抗凝血成分，使得血液不會凝固、源源流出。

每次我想到食血動物，都會讓我回到二〇〇三年，想起一些大學時的美好回憶。當時我還是大一新鮮人，必修課中有一門是無脊椎生物學。我們的教授在打分數時是個狠角色，不過身為寄生蟲學家的她，有著許多引人入勝的故事（原因很簡單：寄生蟲學家總有最棒的故事）。我永遠不會忘記，她在教授環節動物門中的蛭亞綱（Hirudinea，也就是水蛭）時，一開始便說道她曾經養了兩隻水蛭當寵物，名字是德拉古（Dracu[1]）和德拉古二世。她以往會帶牠們到課堂展示、解說，不過現在已經不這麼做了。以下是我記得的故事：

有一年，她把德拉古帶到班上，讓學生看活生生的水蛭是什麼模樣。她把心愛的寵物放在裝滿水的透明容器中，興奮地拿到全班學生面前，慢慢引領他游動（水蛭是雌雄同體的動物，但她武斷地用「他」。）水蛭雖然因為會吸血而讓人覺得厭惡與噁心，不過牠們游泳時滿優雅的，有如波浪般起伏，來回游動。在展示德拉古水中游動的特技與說明相關肌肉組織的運動方式後，她平靜地把他放在自己的手臂上，讓他吸血，同時解釋他的口器構造以及毒液中的抗凝血成分。她一向親自餵寵物（我發現許多寄生蟲學家真的都這麼做）。德拉古也和大部分的水蛭那樣，會吸血幾分鐘，這時他的身體因溫暖美味的血液流入體內而膨脹，吸飽之後便心滿意足地掉落。

有天，德拉古剛好吸到一條血液充足的血管，吸飽了之後如同往常那般脫落，但是教授的血沒有止住，依然持續流著。

這次教授低估了德拉古毒液中抗凝血成分的威力，血流了一灘。在全班面前，她只能一直擦拭這些血液。課堂中的學生顯然驚恐不已，她有禮地告訴他們，自己以後不會在課堂上餵水蛭了。

德拉古和其他真實存在的吸血動物，所具備的毒液都能確實完成任務：引發源源不絕的血流。當水蛭（蚊子或吸血蝙蝠）刺穿宿主的血肉時，宿主的血液便開始變得黏稠。細胞之間有複雜的膠狀物質，稱為細胞外間質（extracellular matrix, ECM），其中具有黏性分子膠原蛋白（collagen）與纖維黏連蛋白（fibronectin）。當身體受傷、血小板與這些分子接觸後，便會啟動凝血程序。

血小板上的成分經由一連串的交互作用與ECM上的蛋白質結合在一起：血小板受體醣蛋白（platelet receptor glycoprotein）會連接到溫韋伯氏因子（von Willebrand factor, vWF）、膠原蛋白受器會連接到膠原蛋白。後面這種連接的形成，會刺激血栓素A2（thromboxane A2, TXA2）與二磷酸腺苷（ADP）的釋放，這兩種成分會刺激血小板，活化讓血小板聚集的程序，使得更多血小板來到傷口。已經活化的血小板會釋放腎上腺素（epinephrine）與血清張力素（serotonin），這兩種成分造成的變化也能促進

① 顯然取自於吸血鬼德古拉（Dracula）。

血小板聚集。已經活化的血小板還會刺激凝血酶（thrombin）的產生，這是最強的凝血成分。凡此種種最後造成了巨大黏稠的血栓，能塞住傷口。毛毛蟲的毒液目的是要引起血栓，但是吸血動物則用盡手段去避免血栓形成，或是要破壞血栓。

正在凝結的血液非常難以吸取，就好像要從奶昔中吸取一塊香蕉。吸血動物在吸血時，會同時吐出唾液和毒液，毒液便含有抗凝血成分，以免吸血時受到阻礙。這些吸血動物的毒液中不只有一種抗凝血劑，而是具備了各式各樣的抗凝血成分，好讓血液大餐持續流動。這些成分大小差距極大，有的分子小到只有五千道爾頓（kDa，這樣大的分子一個只有十的負二十一次方克），最大的比這個大上千倍。科學家用「非凡」一詞形容吸血動物毒液中所具備凝血抑制物的多樣性，這些毒素可以抑制人體凝血流程的每個步驟。

毒液中有些分子作用在凝血程序一開始的地方，它們會和血小板上的受體結合，或是結合到細胞外間質上暴露出來的成分，例如膠原蛋白。有些分子則會和二磷酸腺苷、血栓素Ａ２、腎上腺素或血清張力素結合，或是破壞這些成分，讓它們無法發揮功能。還有些分子作用在程序中比較後面的步驟，例如阻礙凝血作用中最重要的凝血酶的功能。從人見人厭的蚊子到跳蚤、蜱類以及吸血蝙蝠，這些吸血動物的毒液中還有各種酵素：磷脂酶（phospholipase）、金屬蛋白酶、玻尿酸酶、腺酸水解酶（apyrases），還有

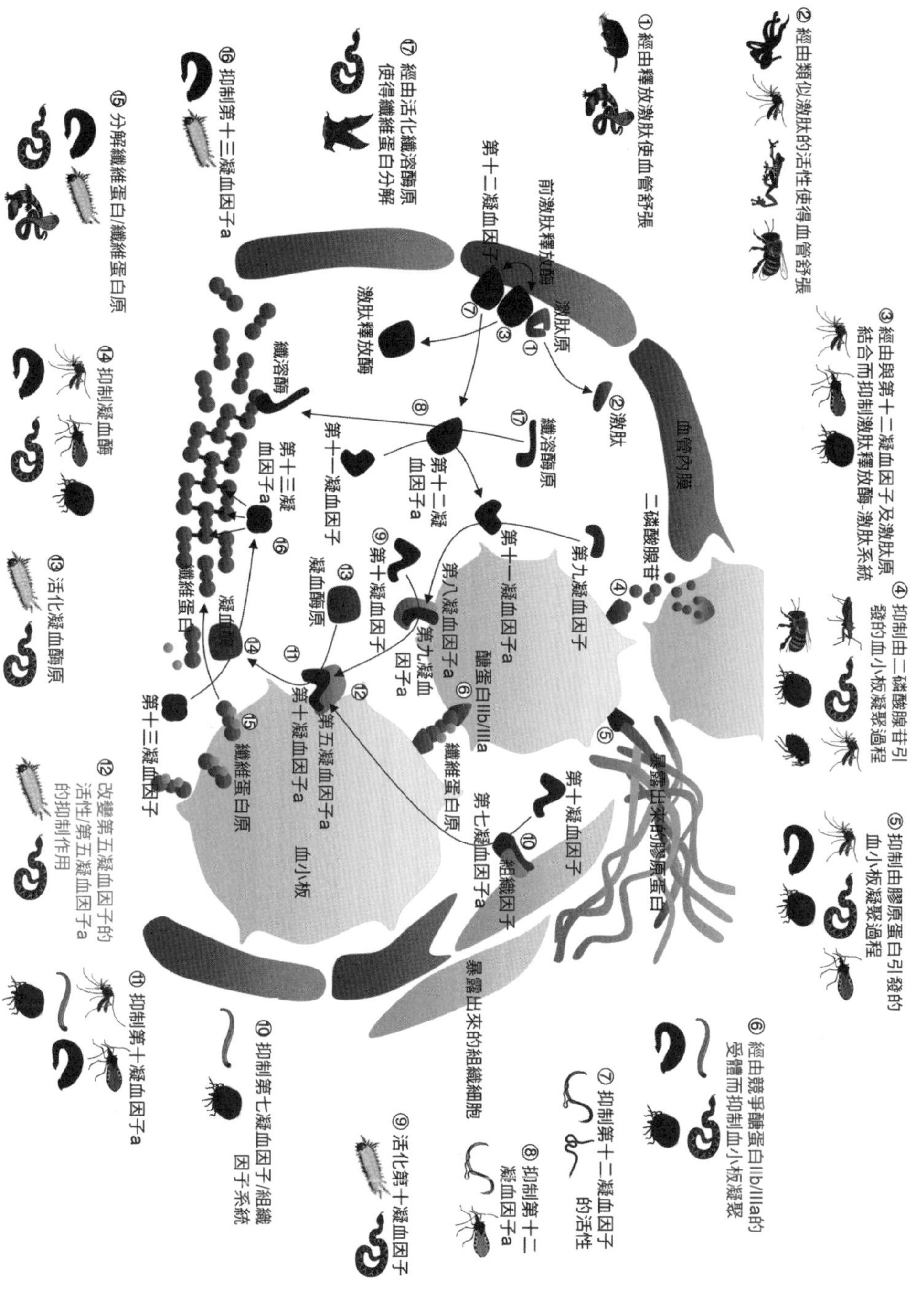

各種出血性毒液分子。這些分子會干擾凝血過程。

圖表版權©布萊恩．葛利格．佛萊

各種蛋白質：凝集素（lectin）、脂質運載蛋白（lipocalin）和胜肽酶（peptidase）。德拉古這樣的水蛭當然也有。科學家光是從水蛭身上就找出了幾十種抗凝血成分[4]。

其實水蛭和其所含有的抗凝血物質，自古以來就當成藥物使用。在現代醫學說明水蛭的毒液中有六十多種含有生物活性的成分以前，水蛭就已經用來治療多種疾病。時至今日，醫師仍然用活的水蛭治病，牠們能促進血液循環，並且降低在移植之後產生排斥作用的機率。有些醫師甚至用水蛭來治療靜脈曲張。血管生成術（angioplasty）這類的現代手術中，也用到了抗凝血劑比伐努定（Bivalirudin，學名為Angiomax），這是以歐洲醫蛭（*Hirudo medicinalis*）中的一種小型胜肽為基礎發展出來的藥物。目前在美國市面上，還有另兩種從毒液研發出來的抗凝血藥物在流通。美國食品與藥物管理局（Food and Drug Administration, ＦＤＡ）所核准、從毒液衍生出的藥物有六種，抗凝血劑就占了一半。其他還有數種從毒素改造而來的藥物正在進行臨床試驗。對醫師來說，調節循環系統的能力至關重要，如果循環系統出問題，通常會引發緊急的醫療狀況。出血性毒液中的成分有辦法操控心跳速率、血壓與凝血作用，使得這些成分有機會成為優異的藥品，你會在這本書後面的內容看到更多例子。

對吸血動物來說，毒液中還有另一類和凝血成分幾乎同樣重要的物質。大部分的吸血物種，吸血的對象都要比自己大得多，所以牠們得在不受到注意的情況下吸血，這意味著不可以觸發或啟動宿主有意識或無意識的防備行為。

這些吸血動物要在供血者不知情的狀況下享用大餐，牠們的毒液裡便得含有止痛與抗發炎的成分，以免痛覺產生。另外還要阻止或壓制宿主的免疫反應。有些抗凝血成分身兼二職，例如血清張力素和凝血酶同樣會啟動疼痛與發炎反應，另一些則專門用來避免引起宿主的注意。例如蜱類的毒液具有許多種止痛與抗發炎成分，因為牠們可能會躲藏在宿主身上好幾天。比起幾分鐘內就能急忙飛走的蚊子，牠們被發現的風險大很多。

這幾十種毒液成分組合起來，使得吸血動物的毒液變得非常神奇。這些毒液分子能夠迅速且輕鬆地抑制身體中最重要的系統，但又不會引起嚴重的傷害，除非有搭便車的生物趁機侵入：以昆蟲為媒介的病原體。如果沒有這些跟著吸血動物毒液而來的病原體（包括瘧原蟲、登革熱病毒和其他病毒），這些吸血動物基本上是無害的——精確地說，這些毒液是「良性」的。對宿主造成的傷害越少，對吸血動物越有好處：如果宿主被吸血之後更健康，就表示吸血動物更容易得到下一餐。

當然，並非所有具備出血性毒液的動物，都如同水蛭或吸血蝙蝠那樣以細緻的方式傳送毒液，也不是傷口都如微血管那般微不足道。具有出血性毒液的最大型動物，並非以精巧的行為出名。牠們是現存最大的爬行動物之一：科摩多巨蜥（Komodo dragon, *Varanus komodoensis*）。

我第一次看《最後一眼》（*Last Chance to See*）這本書時，就想要在野外見一見科摩多巨蜥了。這本書是道格拉斯・亞當斯（Douglas Adams）寫的。沒錯，就是那個寫《銀河便車指南》（*The Hitchhiker's Guide to the Galaxy*）的道格拉斯・亞當斯！他因為這本描述搭便車進行星際旅行的書而成名。我得聲明，《銀河便車指南》和他其他的著作都非常棒，但是在《最後一眼》中，亞當斯把讓他科幻小說成功的元素融入關於保育的非小說。在這本書中，他道出了與生物學家馬克・卡沃汀（Mark Carwardine）到世界各地一見瀕臨滅絕危機的生物，輕鬆地敘述他和各種生物相處的經驗，包括了官僚、扒手、龜毛的鸚鵡和吃人的蜥蜴。

我看《最後一眼》時，才第一次知道有科摩多巨蜥。這是世界上名聲最壞的生物，有些人認為早些年的地圖上會有「小心恐龍」的警告標記，就是因為有這種巨蜥。科摩多巨蜥是地球上現存最大的蜥蜴，紀錄上最大隻的體長超過三公尺，重量超過一百八十公斤。這種可怕的動物想吃什麼就吃什麼，包括了豬和水牛（水牛站立的肩高超過兩公尺，重量超過五百公斤）。科摩多巨蜥憑藉強力的下顎和吋長的牙齒，可以輕易地撕下血肉。牠們找尋獵物的方式和蛇很像，分岔的舌頭能精確察覺出空氣中稀薄的氣味。一九八〇年代，許多科學家描述了這種動物（包括亞當斯在他書中關於蜥蜴的章節），其中最可怕的是這些致命巨獸惡臭的唾液中含有致命的細菌，能讓獵物的傷口腐化，如果獵物一開始沒有因為傷勢而被放倒，這些細菌引發的敗血症也會解決牠們——不過，這些科學家和亞當斯都錯了。

許久之前，文明世界的科學家認為關於印尼的巨蜥傳聞，只是水手編造的故事。到了二十世紀初期得到完整的標本，那些古老的故事才得到了證實。現在已經沒有人懷疑那些巨蜥的存在，不過現代的科學也指出，那些關於有毒唾液的傳說，真實度也和童話故事差不多。

唾液中充滿細菌的說法並非空穴來風。科摩多巨蜥口中住著惡毒細菌的說法，來自一九七〇年代沃爾特・奧芬貝格（Walter Auffenberg）這位科學家的觀察結果。他注意到巨蜥會攻擊水牛，但在一開始攻擊時很少成功殺死獵物。水牛會逃走，但是巨蜥不會去另找其他獵物，而是跟著受傷的水牛好幾天。水牛的傷口很快就腐壞，最後會因為感染而死，或是再也無法對抗巨大的蜥蜴，這時巨蜥就可以飽餐一頓了。

對於這個現象，奧芬貝格認為：「科摩多巨蜥咬傷的傷口，會產生細菌感染與敗血症，這可能是獵物衰弱與死亡的原因。」雖然這個說法看來牽強，但科學家的確從科摩多巨蜥的唾液中發現致病細菌，所以這個瘋狂點子有證據加以支持。就某方面來說，這其實不難想像：許多動物利用細菌製造致死的毒素，例如藍圈章魚的河豚毒素並不是自己製造的，而是在動物組織體內共生的細菌所產生。另外有許多動物則是利用了所食生物中的毒素：有些裸鰓動物（海蛞蝓）會吃海葵和水母，牠們甚至把獵物的刺絲胞整個拿來作為防禦之用。但是培養致死病菌拿來當毒液成分好放倒獵物，這可是前所未聞的。

昆士蘭大學的毒物專家佛萊完全不相信嘴巴有細菌這個理論。他親自觀察科摩多巨蜥，認為牠們是愛乾淨的動物。「進食完畢以後，牠們會花十到十五分鐘舔嘴脣，並且把頭埋在樹葉中好清潔口腔……許多人都被誤導了，說牠們會把腐肉留在牙縫中培養細菌[5]，其實並非如此。」除此之外，還有一些之前沒補充的實情。在科摩多巨蜥生活的島上，水牛是新來的外來種，科摩多巨蜥經歷演化之後所吃的食物是比較小的動物，例如豬或是小型的鹿。科摩多巨蜥不需要細菌就能捕捉這些獵物。這類體型的動物被咬以後，不到一個小時就會失血而死。

科摩多巨蜥和其他同為巨蜥屬（*Varanus*）的蜥蜴一樣，和蛇是近親。二〇〇五年，佛萊和同事指出，這個演化支系中的爬行動物具有同樣的毒素基因[6]，意味著巨蜥和蛇類的遠祖都是會製造毒液的，但那些堅持巨蜥口中有細菌的人不為所動。幾年後，佛萊的團隊用磁共振造影（Magnetic Resonance Imaging，ＭＲＩ）掃描科摩多巨蜥的頭部

（MRI也可以用來掃描人體內部，觀察是否有損傷），發現確實有毒腺[7]，而且毒腺製造的毒素會使得血壓大幅下降。那些抓緊迷思不放的人，堅持認為這樣的發現「毫無意義、不恰當、不正確，會造成誤導[8]」。

最後，佛萊的團隊執行了最終實驗：他們再次做了前人做過的實驗，把巨蜥口中的細菌拿來培養，這次採得了更多樣本、使用更好的技術[9]。他們並沒有在其中發現前人宣稱的致病細菌[10]。相反地，巨蜥口中的微生物相和其他肉食動物很相似。整體的結果非常清楚：科摩多巨蜥唾液中的細菌群落「反映出和牠們最近吃到獵物的皮膚上與腸道裡，以及所處環境中的細菌」。這些細菌和敗血症沒有關係。

不過，如果致死的細菌不是來自巨蜥的嘴巴，為什麼受傷的水牛經常受到感染？原因和水牛的「水」字有關。水牛本來棲息於淡水沼澤，牠們會在乾淨、流動的河水或清涼澄澈的池水中活動。但是在巨蜥活動的林卡島（Rinca）以及其他島嶼上，缺乏高山涵養溪流，也沒有廣闊的地下水層提供乾淨的淡水，水牛只能在充滿糞便的溫水坑裡打滾。比較小的獵物被科摩多巨蜥咬傷，傷口加上巨蜥的出血性毒液，使得獵物很快因流血而死亡。可是這樣的傷對水牛而言並不會造成多嚴重的傷害，水牛有辦法逃走。不過接下來牠們會做身為水牛最會做的事，於是傷口便泡在充滿細菌的汙水坑中，接觸到那些科學家本來認為來自巨蜥口腔的病原菌。佛萊指出：「我曾在弗洛瑞斯島（Flores）

上遭遇划船意外[11]，身負比較深的割傷，因而引發敗血病，由此證明在那種環境下可以很快產生致命的感染。」之前的研究發現，百分之五的巨蜥口中有致命細菌也是基於同樣的道理：牠們才剛喝了那些骯髒的水。

所以水牛是因為喜歡玩水才死的，並不是被巨蜥的毒液殺死。雖然巨蜥的口腔不是病原菌的溫床，但是能製造劇毒。對於體型比水牛小的動物（包括人類）而言，牠們的大口和劇毒絕對足以致命。

科摩多巨蜥並沒有蛇類那種毒牙，不過牠們具有爬蟲類中極端複雜的毒腺[12]。毒液儲存在下顎的五個囊狀構造中，經由個別的管線流到鋸齒緣的牙齒之間。每頭巨蜥可以在下顎的囊中儲存超過一毫升毒液（相當於五分之一茶匙）。毒液中含有數千種分子，能強力攻擊哺乳動物的心血管系統，使得血壓大幅下降，凝血作用也受到抑制，並且引發休克。在這群有毒的混合物中，包含了激肽釋放酶（kallikrein），這種成分能使血管擴張素釋放出來，讓靜脈和動脈變寬，造成足以致命的血壓下降。另外，毒液中還有第三型磷脂酶A2（type III phospholipase A2），這是一種強大的抗凝血成分。值得注意的是，毒液中缺乏許多知名蛇類具備的神經毒素——想想巨蜥所要達到的目的，便會覺得這很有道理：巨蜥沒有像蛇那樣要讓獵物麻痺，而是要讓獵物失血。

科摩多巨蜥可怕的牙齒加上猛烈的毒液，你可以想見牠們殺死獵物的效率高得驚人。你可能會認為牠們吋長的鋸齒牙已經夠用了（通常的確是這樣沒錯），但如果光用咬的還是不夠，那麼毒液將幫忙了結獵物的生命。那滿口利牙造成的傷口有如裂縫，血液會從中湧出。如果這樣的咬傷不能致死，巨蜥的毒液可以確保血液源源不絕地流出，直到獵物的血壓下降而引發休克。不幸的受害者若沒有失血而亡，後續的休克仍會造成死亡，最後科摩多巨蜥就能享用大餐了。

後來我因為研究工作前往峇里島（Bali），終於有機會親眼一見這些能分泌毒液的巨獸。接近傍晚時分，我們一行人抵達弗洛瑞斯島的下拉布安（Labuan Bajo），和我同行的只有傑卡布・布勒（Jacob Buehler）。要不是他喜歡說下流的雙關語，我應該會一整個愛上他。和他交往幾個月後，我問他要不要跟我一起去印尼找蜥蜴，他毫不猶豫就答應了。我後來才發現，這是他做過最自然不做作的事情，有點和他的性格不合。他和我不同，對於一件事，他擅長從各種角度思考過後才決定是否參與。不過他能一起來很棒。他比我謹慎多了，事實證明他慎重的態度要比我的漫不經心有用得多。我們在峇里島的烏布德（Ubud）時，他說不要買香蕉去餵猴子（「我聽說牠們會咬人。」），我當然沒有聽他的話（「我想要猴子蹲在我的肩膀上。」），然後馬上就有一隻三、四十公分高的壞脾氣獼猴在我腿上咬了一口，可能是認為我給的香蕉不夠好吧。腿上嚴重淤傷持續了一個多星期，我還因此注射了八次免疫球蛋白和四次狂犬病疫苗。不過我有拍到和猴子的合照。還有幾次，傑卡布有所節制的本性救了我。如果你在有吃人巨蜥的島嶼上旅行，再小心也不為過。

我們在最後一刻才訂到從峇里島首府丹帕沙（Denpasar）到下拉布安的機位，飛機又小又晃，讓我懷疑是否能飛完這短短的航程。我們雇了一艘船，前往巨蜥所在的林卡島。那艘木船看起來很不牢靠，引擎發了四次才動起來，駕船的人留著一九七〇年代的八字鬍，會說的英語字彙只有幾十個。不用多說，這些冒險都是為了接近那傳說中的殺人動物。

把科摩多巨蜥稱為吃人動物，並非誇張的說法，因為只要有機會，牠們的確會吃人類。二〇〇八年，一群迷路的潛水者漂流到林卡島[13]，在島上的兩個晚上無法安眠，因為他們得揮舞著潛水用的含鉛腰帶和丟擲石頭，才能逼退那些巨蜥、活著回來。有很多人並沒有那麼幸運。

當我們接近林卡島，就很清楚那不是個可以輕忽怠慢的地方。崎嶇的峭壁從海上隆起，看來十分不祥。我們去的時候是乾季，枯黃的雜草覆蓋著山坡，雜亂的樹零星分布在乾燥的土地上。相較於峇里島滿是生機的雨林，林卡島呈現出強烈對比。島上的一切事物看起來嚴峻又危險。我可以想見早期的旅人第一次接近這座島嶼時，心中浮現的不祥預感。如果這座島本身還不夠嚇人，那麼他們踏上島嶼之後，居住在林卡島上的巨獸會讓他們深刻體認到這份不祥。我有點期待在碼頭上可以看到警告擅自闖入者的破舊木頭標示，上面有著因為陽光的照射和海鹽的侵蝕而變得模糊的字跡：小心，這裡有蜥蜴。

我們在島上的嚮導是一位年輕瘦長的印尼人，叫阿卡布（Akbar）。他走路時隨身攜帶一根大手杖，他解釋說這不是用來協助走路，而是用來趕走蜥蜴和可能會出現的動物。蜥蜴不是林卡島上唯一的危險動物。科摩多國家公園（Komodo National Park）是世界上毒蛇密度最高的地方之一，其中有數十種會讓人喪命的種類。那些被巨蜥當成獵物的豬、鹿和水牛，在受到驚嚇時也可能會造成危險。不過阿卡布安慰我們，不用擔心，他有手杖。

走了一小段路之後，我們看見一棵樹上掛著幾個顱骨。阿卡布解釋，那些是其他嚮導在類似的小路上發現的動物顱骨，是巨蜥吃了之後留下的。和我們同行的一位英國年輕女孩見到了這些顱骨，非常不安。

她小心地提出問題：「你們不餵蜥蜴嗎？」

「不會，蜥蜴自己找東西吃。」阿卡布非常確定地回答。

「如果牠們沒找到東西吃，不是會非常餓嗎？」

這個問題讓阿卡布猝不及防，他想了一秒鐘之後才回答：「我想應該會餓吧。」

「牠們餓的時候不是會變得更危險嗎？」

阿卡布微笑說：「有的時候會吧。」

她沉默下來，看著他的手杖，問道：「你多常用到這根手杖？」

他笑得更開了：「有的時候。」

走沒多久，我們就看到水牛了。這頭巨大的動物距離我們約十五公尺遠，正安靜嚼著青草。我們悄悄走近到約六公尺遠。我無法想像蜥蜴能夠放倒這麼大的動物，而且水牛具備了一雙大角和堅硬的腳蹄，可以輕易把巨蜥的骨頭全部壓碎。我拿著相機繼續往前，希望拍張好照片，但傑卡布按住我的肩膀，要我別去。我知道原因。水牛現在看起來相當安靜，不過一旦受到驚嚇，可能會攻擊我。我眼睛瞥了一下，沒有更靠近。再往前走一點，嚮導發現了另一頭在水池中打滾的水牛，這樣的行為完全顯示「滿口細菌的一咬」絕對是無稽之談。

不過，我來這裡為的是看蜥蜴，不是水牛，而林卡島沒有讓我失望。當我們站在國家公園的入口時，就看到了有五頭巨大的科摩多巨蜥在建築物的影子裡打盹，一小群人圍著牠們。傑卡布悄悄對我說：「牠們看起來並不可怕。」這些巨蜥懶洋洋地躺著，看

小心蜥蜴。
（照片提供：克莉絲蒂．威爾科克斯）

起來行動遲緩笨重。最近的巨蜥距離我們約八、九公尺，看起來完全不在意我們的出現。我們在這裡看著幾百公斤重、地球上最致命的蜥蜴，而牠們可能完全沒注意到我們的出現。

在這群打盹的巨蜥後面，有一頭年輕的巨蜥從容漫步，分叉的長舌頭抖動著。我盡力想像比較大的巨蜥像這樣到處找食物的模樣，可是想像不出來。我看到的是愉快的胖蜥蜴，牠們已經習慣人來人往。阿卡布說沒有餵牠們，我敢打賭他一定在說謊。這些動物看起來不像是能為了覓食而去咬一頭豬。而且現在有這麼多人，如果牠們餓了，就該要起來行動了。我向前走一步，單腳跪下，想拍一張蜥蜴睡臉的近照。

傑卡布輕輕咳了一聲。

我說：「不會啦，牠們不會動的啦！就靠近幾步？」

他只是瞪著我。

「好吧。」我只能嘆氣走開。當然，這次他也是對的。實際情況是，我在這趟旅程中已經被很多野生動物咬了（包括那隻猴子和一條好攻擊的魚），你可能會想我已經學到教訓、舉止應該收斂一點。我提醒自己，要了解巨蜥毒液的厲害之處，讀書就好，不要親身體會。

我們最後離開了。

就像我說的，懶洋洋的巨蜥沒什麼好怕的……
（照片提供：克莉絲蒂．威爾科克斯）

回到本章中我所談到的那些動物，很明顯地，具備出血性毒液的動物各式各樣都有。會有這麼多樣，是因為作用在血液上的毒液可以有各式各樣的用途。巨天蠶蛾幼蟲等把凝血成分當成致命的防禦武器，科摩多巨蜥利用抗凝血成分讓獵物失血而亡。蚊子和其他吸血動物所製造的毒液類似科摩多巨蜥的毒液，但是用量少多了，只為了吸血而不是放血。許多毒蛇利用這種出血效應迫使獵物無法動彈，最後死亡。凡此種種，都不只是利用單一種毒素，而是聯合各種毒素。這些成分單獨運作通常不會造成死亡，但是幾種成分在密切的搭配下，出血性毒液就成了具備生物活性的機器，確實而有效地完成毒液製造者所賦予的任務。

以粗鱗矛頭蝮（Terciopelo viper, *Bothrops asper*）為例，牠是世界上最危險的毒蛇之一，原生於中美洲與南美洲北部，具有扁平寬闊的頭部，當地人一眼就能認出來，因為那裡主要的毒蛇咬傷[14]是由粗鱗矛頭蝮造成的。這種蛇的毒液並不含有某一種特別厲害的毒素，而是許多成分聯合起來運作，毀滅受害者的循環系統。當毒液經由咬傷進入受害者體內時，其中的 P-III 金屬蛋白酶（這類酵素在切斷蛋白質時會使用到金屬）便開始切斷固定微血管的蛋白質，使得微血管斷裂而不穩固。在此同時，粗鱗蛇毒（aspercetin）這種可以讓血小板聚集的蛋白質開始作用[15]，把血液中凝血所需的成分兜在一起，使得受害者的血流無法停止。磷脂酶和絲胺酸蛋白酶也會發揮作用，增強出血的效果。受到蛇咬的動物很快便失去控制血液的能力，因此無法供應肌肉或腦部所需的氧氣，使得受害者不是死於心血管系統的崩潰，就是嚴重麻痺。

科學家解析粗鱗矛頭蝮的毒液成分時，發現了有趣的事情：各個部分總加起來和完整的毒液並不相同。一九九三年，科學家在毒液中找到了三種出血因子，分別命名為BaH1、BH2和BH3。這三種因子彼此合作，負責了毒液出血活性中一半的工作[16]。可是當這三種因子分開作用時，它們發揮的效應加總起來只有三種共同運作時的一半。不只是粗鱗矛頭蝮的毒液如此，科學家也發現其他種蛇類[17]的毒液，還有蜜蜂與黃蜂毒液中成分的共同效應，也是如此[18]。

毒液分子的共同效應，或許可以說明毒液科學中最大的謎題之一：為何毒液中有那麼多不同的分子。乍看之下這麼多分子真的有點蠢，如果一種有毒分子就能發揮效用，那為什麼要用到幾百種？許多麻痺性毒液中，一種毒素就足夠了。所以，巨天蠶蛾幼蟲為何要那麼多種不同的毒素？其實只要其中一種就足以造成嚴重的出血。為何蚊子和水蛭要製造幾十種抗凝血成分？一、兩種不就足夠了嗎？這是因為只投資生產單一種類毒素是很危險的，那些設定要中毒的物種很可能發展出對抗該毒素的方式，因此免疫。如果掠食者不會被劇毒所影響，那麼毛毛蟲很容易被挑出來吃掉。如果宿主的血液不容易持續流出來，那麼吸血動物就會挨餓。單一種毒素只能發揮單一作用，多種毒素就可能進行調整組合，發揮多種功用。了解毒液演化的各個面向，會讓我們更加清楚讓一般動物轉變成分泌毒液動物的天擇力量。

事實上，在所有會分泌出血性毒液的物種中，蚊子、水蛭和吸血蝙蝠只占了少數，後者分泌毒液只是為了吸血。絕大部分毒液中含有抗凝血成分、血栓破壞物和其他出血成分的物種（像是粗鱗矛頭蝮），要發揮的是……嗯……更噁心虐人的效果。這我會在下一章中討論，你晚餐後先休息幾個小時再讀下一章會比較好。

第六章

就是為了方便吃掉你

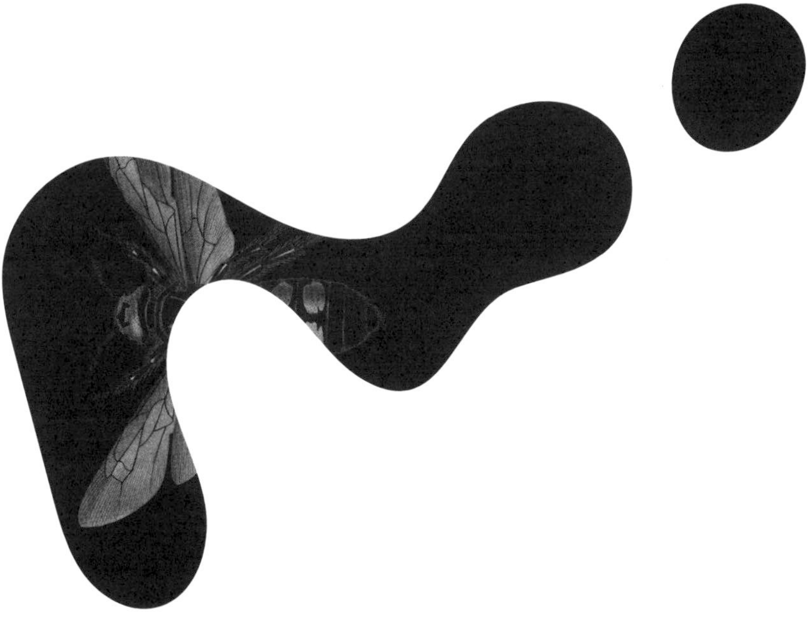

她牙中的毒是用來消化她所吃的食物，同時也消滅她的敵人[1]。
——班傑明·富蘭克林 BENJAMIN FRANKLIN

第一次聽到響尾蛇的警告聲，就讓我難忘。憤怒響尾蛇發出的滋滋聲，就算之前從來沒有聽過，也能瞬間辨認出來，這種顫動的噪音讓人發自內心感到震動，油然而生的恐懼之情讓人噁心反胃。我的感官馬上凍結了，無法辨認那個可怕聲音的方向與距離。那個聲音……真的很響。我怕得不得了，低頭看著鞋子，怕是有條蛇在我的兩腳之間。

「注意腳步。」我想起十五分鐘前奇普．科克蘭（Chip Cochran）的話，那時我們在他位於加州洛瑪林達（Loma Linda）的家，正準備要去爬屋後長滿灌木的山丘。他說：「千萬不要踩到響尾蛇。」

我和科克蘭是在數年前的國際毒素學會（International Society on Toxinology，注意拼法，不是「毒物學」〔Toxicology〕。毒物學研究的是毒物與其效應，毒素學研究的是所有細菌、植物和動物的毒素）會議上認識的。他完全不符合我對玩蛇人的印象。我認為喜歡玩蛇的人通常身材魁梧高大，皮膚粗厚到鋒利的毒牙都無法刺穿。科克蘭完全不是這樣，他只比我高一點點，留著金色短髮，臉上有酒窩，眼睛是淡藍色的，散發出小男孩的魅力。科克蘭在飯店的陽臺上，他喝著啤酒，興高采烈地向我和兩名研究生解釋他的研究計畫：班點響尾蛇（speckled rattlesnake）的毒液變化。他回憶在自己的「兩爬」生涯中所見到的蛇類。他說到與每種毒蛇遭遇的往事（例如一條曼巴蛇突然欺進他的面前），眼睛閃現淘氣的光芒。我想研究毒蛇一定非常刺激，所以當他邀請我到洛瑪林達大學（Loma Linda University）的實驗室去找他、看看他做的研究時，我很高興地答應了。我很快就出現在洛杉磯東部的沙漠地區，和他跟著他的指導教授、著名的兩爬學家比爾・海耶斯（Bill Hayes）與實驗室同伴，一起去找尋毒蛇。毒蛇似乎很容易就看漏了，這是我在一星期中第三次聽到有人警告我，要注意別踩到毒蛇。

當我站著無法動彈時，聲響還持續著。那個令人毛骨悚然的高頻聲音。慢慢地，我找出了聲音來源：我右邊的大塊石堆。科克蘭動作快多了，他已經在窺探岩堆上的縫隙，很確定地說：「她在這裡。」並且招手要我過去。我在後方遠遠的，看到一條小小的響尾蛇，身體蜷曲，尾巴舉著。那些石頭像是天然的擴音器，把她的聲音放大了，讓人覺得她體型很大。實際上她大約只有六十公分長，和我的距離有一公尺多，而且縮在石縫裡，這個距離是安全的。當我確定那條蛇不會馬上造成威脅時，感覺自己的血壓和心跳速率同時減緩。

我記得美國經常發生被響尾蛇咬的事件，但很少造成死亡。事實上，每年美國發生大約八千起毒蛇咬人事件，大部分是響尾蛇造成的，死亡案例不過十幾個。響尾蛇就和其他蝮蛇那樣，毒液多為出血性的，作用的目標是血液，而不是作用在神經上的神經性毒液。雖然人們經常提到出血性毒和神經性毒，好像這兩種性質是二元對立的，不過毒液不會只屬於兩者中的一種，而是具備不同程度的出血性與神經性。最致命的毒液是那些幾乎完全或純粹神經性的，因為這些毒液會使得傳遞到橫膈膜、胸肌和心臟等攸關性命的肌肉的神經訊息受到阻礙或是過度激發，造成麻痺。主要為出血性的毒液，引發的效果是出血和壞疽（necrosis），雖然看起來可怕，但沒那麼致命。

壞疽的定義是組織壞死，不過這個臨床定義無法完全說明這個「組織壞死」是有多麼噁心與恐怖。壞疽毒液會讓大片皮膚甚至是整個肢體腐爛敗壞，流出膿血、發出腐爛的惡臭。原本健康的粉紅色組織呈現意味死亡的黑色，液化的組織造成腫脹，最後從骨頭剝落下來，成為腐臭的肉塊。難怪醫師和科學家喜歡用「壞疽」這個詞來代替上面這樣詳細的傷口描述。

當然，毒液會有這樣的效果，一定是製造毒液者所希望的。出血性毒液會摧毀部分血肉，這是毒液的目的：幫助毒液展開消化的程序，毒液中有另一群成分與酵素專門幫忙完成這項工作。響尾蛇利用出血性毒素放倒獵物，同時進行把皮毛骨肉轉變成食物的漫長過程。有些出血性物種利用毒液讓受害者液體化，在毒液發揮作用之後，吸食那充滿營養的肉漿。不幸的是，當這些動物為了自保而咬人時，毒液中有消化能力的成分會撕裂人體組織，造成疼痛、腫脹以及壞疽。

響尾蛇屬於蝮蛇科。在上一章，我提到了響尾蛇的近親粗鱗矛頭蝮，這種蛇類的毒液中滿是劇毒成分。各種成分彼此合作，使得牠的獵物體內心血管系統完全崩潰。當然，人不是蛇想要捕獲的獵物，牠們咬人只是為了保護自己。由於人類的體型比獵物大多了，不會立即死亡。粗鱗矛頭蝮和與牠同屬的矛頭蝮（*Bothrops*）蛇類，都以造成毀滅性的壞疽而知名。

部分原因在於有些最窮困的地區中，這些蛇類與人類共存。地方上的醫師很少，更別提備有抗毒素的醫院了。在南美洲、非洲與印度的鄉下地區，許多被蛇咬的人幾乎沒有接受治療，腿部、手上的小咬傷很快就會化膿，直到幾個星期後整個肢體幾乎全都出現壞疽，受害者才獲得被咬當天就需要接受的適當醫療。大眾媒體冷酷地稱受害者被咬傷的肢體為「黑棒」（black stick）。這個詞非常簡單粗暴，一聽就懂。那些肢體的相片，像我這樣已經麻木的生物學家看了都會作嘔。

就算是接受了抗毒素的治療，蛇咬引起的壞疽依然可能非常嚴重。抗毒素能與在血液中流動的毒液成分結合，讓毒素不再造成傷害，但是對已經造成的損傷卻無能為力。出血性毒液作用的速度很快，會造成嚴重的局部損傷，抗毒素只能確保不會惡化成全身性傷害而造成死亡。更糟的是，科學家發現造成壞疽的毒液中有些成分不會引起免疫反應，製造抗毒素動物的免疫系統會忽略這些成分，所以在抗毒素中根本沒有抑制這些成分的抗體[2]。最糟糕的是，壞疽性毒液不但自己會破壞細胞，還會召集身體的免疫系統一起來進行破壞、造成死亡。抗毒素對此無能為力。

蛇類的壞疽性毒液從毒牙注入受害者身體時，就開始運作了。金屬蛋白酶首先展開攻擊，分解掉構成血管與組織結構的重要成分，其中包括重要的黏接蛋白（adherence protein），這種蛋白質能讓血管壁中的細胞連接在一起，血液才不會滲漏出去。微血管開始出血後，附近的部位馬上充滿體液而出現水腫。蛋白酶會繼續攻擊組織，這是經由骨骼肌的死亡所造成的，不過我們還不了解確實的作用方式[3]。磷脂酶也不甘示弱，開始攻擊肌肉細胞的細胞膜，造成肌肉壞死（myonecrosis）。有些磷脂酶所催化的作用是切斷磷脂，在細胞膜上造成孔洞；另一些磷脂酶不會切斷脂質，但一樣造成肌肉壞死，原因依然不明。毒液中還有玻尿酸酶與絲胺酸蛋白酶，一起加入屠殺的工作。當毒液進入的傷口周遭戰事打得火熱，毒液中其他分子並沒有加入其中，而是流到身體其他部位讓血管擴張，使得血壓快速下降，這可能會導致休克、甚至死亡，或使得全身的骨骼肌死亡，這種狀況稱為橫紋肌溶解症（rhabdomyolysis），死亡的肌肉會釋出大量肌紅蛋白，阻塞腎小管，有可能造成腎臟衰竭，令人喪命。

以上種種才只是剛開始而已。毒液中的蛋白質不只能造成損害，還能欺騙身體細胞，讓這些細胞攻擊身體。大量的細胞死亡加上毒液的某些作用，使得免疫細胞湧向傷口[4]。在毒液的作用中，特別值得注意的是金屬蛋白酶所造成的腫瘤壞死因子（tumor necrosis factor）釋出，以及磷脂酶產生具有生物活性的脂質。身體的免疫細胞經過訓練，能盡全力殺死對手，這在對抗細菌和病毒時是好事，但遇到毒液時卻沒出現真正的對手。毒液分子是各自作戰的蛋白質，而不是匯集在一起的入侵大軍，可是我們身體裡的軍隊無法區分。淋巴球和其他免疫細胞開始引發發炎反應，製造與釋放細胞介素（cytokine），例如介白素-6（interleukin-6），這是一種傳訊分子，能號召免疫系統展開猛攻，但實際上並沒有細菌或其他外來物可以破壞與攻擊，身體的武器缺乏目標。免疫系統想的就是要破壞入侵者，但事實上英勇的砲火射到的是友軍，讓無辜的身體組織損傷更嚴重。

在毒蛇咬傷所引起的壞疽中，有多少比例是由毒液引發的免疫反應所造成？這點還不清楚。不過研究指出，所占比例超乎想像。科學家發現，如果身體免疫系統的反應途徑關閉了，那麼蛇類毒液引起的壞疽會大幅減少[5]。任何減少身體反應的療法都能緩解症狀。例如毒液中的磷脂酶，能使巨大細胞這種特殊的免疫細胞釋放組織胺[6]（這種分子也可以引起區域和全身性的過敏反應），免處方箋的抗組織胺藥物苯海拉明（Benadryl）就可以輕易緩解中毒所引發的腫脹。這樣的結果顯示，雖然用抗毒素治療很重要，不過抗免疫藥物也有辦法減少抗毒素無法治療的毀滅性壞疽。但是目前除了抗毒素以外的療法研究進展緩慢，急需經費挹注。

有毒的蝮蛇能經由嚴重的壞疽癱瘓受害者，其中矛頭蝮這一屬的種類造成的壞疽最為嚴重，但不是只有牠們能引發嚴重的組織死亡。壞疽毒液在各種分泌毒液的動物類群中都有發現。雖然蝙蝠蛇科這類毒蛇的毒液常被認為屬神經性，但是部分眼鏡蛇（例如射毒眼鏡蛇）也能造成可怕的組織損傷。水母也可以，特別是致命的箱水母，會引起嚴重的皮膚損傷。有些物種的毒液通常不是壞疽性的，但有時會造成極大的破壞。刺魟和黃蜂等[7]偶爾會引起大片損傷[8]。科學家還在努力研究，想要了解這些比較稀有的案例是如何出現的，不過到頭來還是要研究毒液中的成分。

我去找科克蘭的那段時間，見到的響尾蛇不只蜷曲在石頭縫裡的那一條。洛瑪林達大學飼養許多種類的蛇，是海耶斯和他學生的研究對象。如果你走進那個養蛇的房間，那些蛇會發出令人膽寒的聲音，那種同我在科克蘭屋後聽到的聲音，從四面八方傳來。我看著科克蘭忙於照顧動物的日常工作，包括清潔牠們住的圍籠。他得先用捕蛇勾把蛇安全地移到大垃圾桶，然後清除蛇的排泄物，並且把水盆洗乾淨。要是給那些蛇咬上一口，不死也要賠上半條命。看他自信滿滿地處理這裡大蛇，讓我敬畏不已。

科克蘭的實驗室夥伴大衛・尼爾森（David Nelsen）帶我到另一個房間，裡面有不

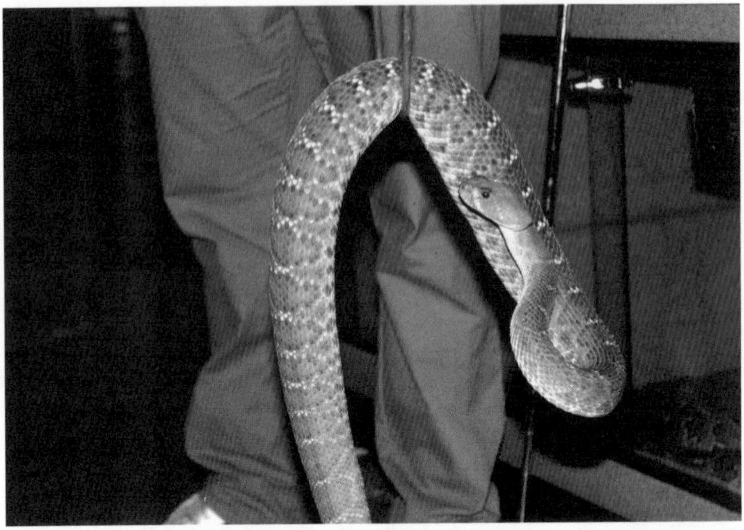

在洛瑪林達大學，科克蘭正在把一條紅色大響尾蛇從籠子裡移出來。
（照片提供：克莉絲蒂．威爾科克斯）

同大小的塑膠保鮮盒，每個盒子上都有透氣的小洞，裡面養著各種分泌毒液的動物。他們實驗室不只研究毒蛇，也研究蠍子和蜘蛛。尼爾森從架子上拉出一個盒子，給我看裡面的動物：大隻的黑寡婦蜘蛛。那個架子高到接近天花板，上面放置一百多個盒子，裡面全是蜘蛛。我的胃整個都糾結了起來。蜘蛛毒液有名的地方，也在於能造成壞疽。

每年有數百萬人在醫師的診間出現，因為他們認為自己被蜘蛛咬了，而且出現大又滲出體液的傷口。大部分的人都不認得咬傷自己的蜘蛛。（如果確認是蜘蛛咬傷的傷口化膿變深，那麼就不難猜出是哪種蜘蛛咬的。遁蛛〔recluse spider〕——包括了褐遁蛛〔brown recluse, *Loxosceles reclusa*〕——有兩件事很有名：第一是牠們害羞，所以才叫做「遁」；第二是具有能造成嚴重壞疽的毒液。牠們噬咬所造成的傷口以及其他的症狀在醫學上有專有名詞，叫做遁蛛傷〔loxoscelism〕。相信我，別用這個詞當關鍵字上網搜圖。）

遁蛛造成的傷口剛開始微不足道，只是注射毒液的口器在皮膚上刺的兩個小洞。傷口周圍的微血管會先收縮，然後慢慢流一點血，接著裂開。三個小時後，白血球來到傷口處，進到遭毒液注入的組織。這時皮膚開始腫脹、發癢與發炎。傷口中心開始出現藍色的疽傷，周圍是一圈白色（因為缺血），最外面是紅色，死亡的組織看起來像是牛的眼睛，非常痛。接著，那些紅色的部位慢慢轉變成紫色，然後是黑色而失去生機。有些案例中，這些死亡的部位會形成潰瘍，然後剝落，讓鮮紅的血肉暴露出來。醫學文獻用「液體化」描述這個過程，稱之為「液體化壞疽」（liquefactive necrosis）[9]。

雖然遁蛛的傷口會變大而且難看，但是會慢慢自行復原，有的時候需要皮膚移植。遁蛛傷也有可能影響全身，大約有百分之十六的案例中，傷口壞疽時會伴隨發燒、噁心、嘔吐、身體衰弱、貧血、昏迷。極少數的狀況下會死亡[10]。

西方醫學界在十九世紀末之前，完全沒注意到這些蜘蛛的咬傷會這般嚴重。最早對於咬傷造成壞疽的描述，出現在田納西州和堪薩斯州。到了二十世紀中期，人們知道許多遁蛛屬（*Loxosceles*）的種類會造成這樣的傷害。很快地，可怕咬傷的報導變得很常見，但是蛛傷如何治療最好，到現在依然缺乏共識。我們確實知道的是，組織損傷主要是由遁蛛毒液中的鞘磷脂酶D（sphingomyelinase D）造成的。把毒液中這種成分去除，就能把皮膚壞疽的毒性減少[11]百分之九十到九十七。鞘磷脂酶D主要的作用是切斷在細胞膜上常見的鞘磷脂（sphingomyelin）。這種脂質被切斷之後的後續過程尚未完全了解，但結果很清楚：免疫系統大為活躍。

我們會把免疫系統想成是身體的衛兵，能夠抵禦入侵者和討厭的傢伙，讓它們不要在身體裡搞事。然而很不幸地，人體的各種免疫細胞比較像是雇傭兵，它們願意為了身體而戰，倘若有適當的誘因，它們也可以輕易倒戈。鞘磷脂酶D就像是把一箱鈔票交給了免疫系統，要它隨意開火。免疫系統真的這樣做了，殺死了應該要保護的身體組織。

有些蜘蛛的毒液也具備了鞘磷脂酶D的活性，包括六眼砂蛛（six-eyed sand spider, *Sicarius hahni*）。遁蛛屬和砂蛛屬是絲蛛科（Sicariidae）中唯二的屬，毫不意外毒液中有類似的成分。絲蛛科之外的蜘蛛就不同了[12]。其他的蜘蛛，甚至是其他能分泌毒液的動物，都沒有這種能夠引起嚴重壞疽的酵素。牠們不僅在毒液中沒有這種酵素，而是在整個動物界中，除了絲蛛這個類群之外，目前已知的全都沒有這種酵素，不過在一些致病細菌中有。對於細菌毒素出現在蜘蛛身上的這個現象，科學家大為震驚，猜想可能是蜘蛛偷了細菌的基因來用，這個過程叫做平行基因轉移（horizontal gene transfer）。不過最近的遺傳分析已經確定，絲蛛是獨立演化出這種壞疽性酵素[13]。

當我們看到皮膚壞疽就會聯想到是被蜘蛛咬傷，其實那些傷口很少是由這類頑強的蜘蛛造成[14]。只有少數蜘蛛的口器厲害到能穿過人類的皮膚、注入毒液。那些能這樣做的蜘蛛，又鮮少具備造成皮膚如此傷害的化學武器。世界上一些最危險的蜘蛛，例如美洲的黑寡婦或是澳洲的紅背蜘蛛（redback, *Latrodectus hasselti*），牠們注入毒液時產生的傷口幾乎都不嚴重。而且蜘蛛不喜歡咬人。尼爾森用他整屋子的蜘蛛做過實驗，發現黑寡婦只有在受到擠壓或是遭到死亡威脅時，才會咬人並且注射毒液。就算是具有「世界上最致命蜘蛛」稱號的雪梨漏斗網蜘蛛（Sydney funnel web spider, *Atrax robustus*），傷口也不會有什麼損傷。這種蜘蛛的毒液和紅背蜘蛛一樣，具有劇烈的神經毒素，能使獵物麻痺。所以和你想的不同，目前已知只有遁蛛那一類的蜘蛛，才會經常造成壞疽性咬傷[15]。

當患者說自己被蜘蛛咬了（不論他們是否真的看到自己被蜘蛛咬），而且皮膚上出現壞疽，那麼受害者和醫師通常會毫不猶豫地說那是被遁蛛咬傷。對於實際被遁蛛咬傷的研究結果，顯示出牠們的危險程度和一般人所想的大相逕庭。只有三分之一的咬傷會造成皮膚壞疽，也就是「壞疽性蜘蛛中毒」（necrotic arachnidism），遁蛛也是因為能造成這種狀況而廣為人知。不過，大部分的咬傷通常都不值一提，而且會自行痊癒。科學家並不確定為何有些咬傷會化膿，轉變成腐爛的傷口，受害者本身的健康狀況、被咬傷的部位，以及蜘蛛的大小和性別有關（雌性遁蛛毒液的強度是雄性的兩倍[16]）等，可能都有影響。我們得清楚知道，牠們的名字中有「遁」這個字，不是沒有原因的。堪薩斯州有個家庭和兩千多隻遁蛛共同生活了多年，沒有人被咬傷過，後來覺得這潛在的威脅實在危險，最後才決定搬家[17]。

大部分被醫療專業人員照護到的「蜘蛛咬傷」，其實並不是蜘蛛咬傷。在一項研究中發現，只有不到百分之四是真正被蜘蛛咬傷，超過百分之八十五是細菌感染[18]。除此之外，在認為自己被蜘蛛咬傷的人當中[19]，有三成實際上是受到致命的抗藥性金黃色葡萄球菌（methicillin-resistant *Staphylococcus aureus*, MRSA）感染。醫師指出，人們身上出現壞疽，通常誤認為是蜘蛛造成的，但元凶可能是泡疹、淋病、真菌感染、萊姆病（Lyme disease）、牛痘，甚至是炭疽。把這些感染誤認為是那些惡名昭彰的蜘蛛所造成，其實並不意外，因為細菌具備了類似能侵害皮膚的酵素。誤診可能會造成嚴重損失，甚至送上性命：由毒液造成的壞疽目前沒有好的療法，但是細菌感染往往可以治好，那些不易處理的細菌必須鑑定出種類，以免病人到最後死亡同時又沒有阻止這些抗藥性菌株散播。

響尾蛇也有奮戰之譽，這最早要追溯到一七〇〇年代初期，當時這種毒蛇備受頌揚，認為牠代表了美國精神。在加茲登旗（Gadsden flag）上有一條蜷曲的響尾蛇，下面寫著「別踐踏我」（Don't Tread on Me）。響尾蛇是在何時何地被推崇為美國的象徵已不可考。一七五一年，班傑明．富蘭克林（Benjamin Franklin）為了感謝英國把重罪犯遣送來美國，於是將響尾蛇回送給英國，巧妙至極的諷刺。響尾蛇也出現在美國報紙第一則政治漫畫上：一條響尾蛇被切成一塊塊，每一塊送到一個殖民區，漫畫上的句子是：「不加入就會死。」久而久之，響尾蛇便成為美國的象徵。那些畫中的響尾蛇通常是蜷曲著的森林響尾蛇（timber rattlesnake, *Crotalus horridus*）。這樣的響尾蛇開始出現在制服鈕釦、紙鈔、橫幅廣告和旗幟上。最早配有「別踐踏我」的圖畫，出自於一七七五年十二月刊載在《賓州雜誌》（*The Pennsylvania Journal*）上的一封匿名投書（許多學者認為寫信的人就是富蘭克林[20]）。在信中署名「美國夢想家」（American Guesser）的人說明蛇適合做為美國的象徵（美國海軍陸戰隊最早的軍鼓上也畫著響尾蛇）：

我記得響尾蛇眼睛的明亮，勝過其他動物的眼睛。她沒有眼瞼，因此被尊為警覺的象徵。她從不主動挑釁，但若交戰了則絕不投降，因此她也象徵了寬大與勇氣。雖然具備大自然賜予她的武器，但她像是要避免各種爭論，總是三緘其口。對於不了解她的人而言，她看來像是毫無防備的動物。就算展露出那些防禦武器，看起來也是弱小而且卑下。雖然她造成的傷口小，但確實能引發死亡。她自知如此，所以攻擊前她會慷慨地給予警告，甚至對敵人也是如此，要他人注意踐踏她所帶來的危險，之後她才會傷害他人。

海軍陸戰隊最早使用了響尾蛇圖樣，後來也有其他人採用。在美國國旗選定之前，每個國民兵團都舉著自己的旗幟，其中有許多便是響尾蛇的圖案搭上「別踐踏我」的句子。海軍第一艦首旗（The First Navy Jack）上便是一條伸展開的眼鏡蛇和那句話。一七七八年，大陸會議（Continental Congress）正式把響尾蛇標誌設計納入國防部簽章（Seal of the War Office）中。從那時起，美國陸軍便以響尾蛇為標誌。

不過在二十世紀初期，人們察覺到響尾蛇咬傷的危險，而有了第一波的「響尾蛇圍捕」，這成為美國南部與中西部各州的年度盛事，吸引許多觀光客前來。每年因為這些活動，成千上萬條響尾蛇遭到捕捉或是殺害。一九五八年起，德州甜水城（Sweetwater）每年舉辦圍捕，殺掉了全州百分之一的響尾蛇。美國人遭到蛇咬的統計數字並沒有因為這些極端的剷除活動減少，相反地，因為有數十萬人參加這個活動，接觸到許多平常避開人類的響尾蛇，受到咬傷而產生壞疽的機會反而大為增加。

我們能認出某種動物，往往是因為牠的特徵。那些分泌毒液的動物當然有各自的特徵，誰不知道眼鏡蛇的頸部皮膜？誰不曉得水母的觸手？不過分屬各個種類，甚至是各門的有毒動物與牠們所分泌的毒液，其實有非常相似的地方。雖然這些動物在分類上大不相同，但是在用途相同的毒液中，通常含有類似的成分。鉤蟲（hookworm）、水蛭、蛇類和蜱類分泌的毒液中，都有抑制血小板聚集的成分，好抑制血液凝固。這些相似的功能有時是由差別很大的分子所造成的，可是在不同演化分支中的動物，通常會把同類的蛋白質加以改造，成為毒素，而且這樣的狀況發生過許多次。會摧毀組織的磷脂酶A_2（能切斷細胞膜上的脂質）就出現在頭足類動物、刺絲胞動物、昆蟲、蠍子、蜘蛛和爬行動物的毒液中（在爬行動物的演化過程中，分別有四度把磷脂酶A_2納入毒液成分）。同時，蝸牛、水母、珊瑚、蠕蟲、昆蟲、蠍子、爬行動物和蜘蛛的毒液，都含有能抑制其他蛋白質功能的庫尼茲型胜肽（Kunitz-type peptide）。

目前我們已經找出六萬類蛋白質[21]，從刺絲胞動物到靈長類動物的毒液中，反覆出現的就是那幾種。如果我們相信用來造成毒害的蛋白質是隨機選出來的，那也太巧合了。各種毒液中出現類似的成分，意味著有些蛋白質很容易被改造以便進行惡毒的目的，其他蛋白質就難以造成生理傷害。

怎樣才是好的毒液蛋白？這是毒液科學家要解答的重要問題。在現代科技的協助下，分析毒液中蛋白質的工作變得比較簡單。當務之急是要區分哪些會造成直接傷害、哪些不會而只是有其他功能，例如保護動物本身不受到自己製造的毒素所傷，或只是要維持毒腺細胞運作而已。這樣一來，科學家就能聚焦研究引起人體嚴重傷害的成分，找出對抗的醫療方式。

毒液中的蛋白質有些特徵，使得它們與其他蛋白質不同[22]。首先最重要的是，目前在毒液中確認出的每種毒素，都是分泌性蛋白（secretory protein）。這種蛋白質的N端中有一段特殊的訊號序列，這段訊號序列得先切除，毒素蛋白才能發揮作用。不過並非所有的毒素蛋白都是由分泌性蛋白變化而來，很可能那些蛋白質本來只是位於細胞膜上，後來由於基因複製與轉移，在基因重組作用或是轉位作用（藉由轉位子這種DNA的協助）下，成為分泌性蛋白。

除了成為能夠分泌出來的分子外，所有的毒液毒素都可以展現基本的生化功能。它們可以a. 切斷所有細胞都具備的分子，或b. 模擬訊息分子，或c. 能和身體中的分子競爭受體。玻尿酸酶、磷脂酶、金屬蛋白酶等壞疽性酵素，都有切斷分子的能力。它們把重要的成分切斷，造成直接且嚴重的傷害。其他出血性蛋白質不是能傳遞訊息，就是能當成受體的競爭者，因為它們原先就屬於那些訊息蛋白或受體結合蛋白。舉例來說，如果要阻止血小板凝結，最好的方法就是直接把血小板抑制蛋白拿來用。

大部分毒素作用的速度都很快，因為它們原本參與的正是短期的生理過程。你不會看到刺激細胞生長或是作為結構的蛋白質被當成毒素來使用，因為這類參與組織生長的蛋白質形成的過程緩慢且穩定。毒液成分必須要快速作用，速度慢等於沒有用。如果掠食性毒液效果發揮得慢，獵物就逃走了；防禦性毒液作用得慢，自己就變成大餐了。毒液中的毒素需要作用迅速、目標廣泛，即時產生效果。

這些毒素還有一些比較不顯著的共通特徵，例如大部分毒素的生化性質都很穩定。有多種方式可以讓蛋白質折疊起來，並且讓折疊好的結構不容易發生變化，可是毒素特別偏好其中一種方式：雙硫鍵鍵結。這種鍵結是在兩個半胱胺酸（cysteine）之間形成，半胱胺酸是二十種必需胺基酸之一，許多分泌性蛋白中都有它，因為雙硫鍵讓蛋白質比較不容易分解或是被酵素切斷。也有其他分泌性蛋白（例如球狀酵素〔globular enzyme〕）利用其他方式保持自身完整，不過毒素偏好使用半胱胺酸，意味著雙硫鍵是毒液蛋白質的重要生化特性。

毒液中的各種毒素往往也成群出現。當某個毒素基因被拿來用時，這個基因會一再複製，每個新的基因都會有些微改變，部分則產生了全新的活性。某一個物種中可能有數百個主要毒素的基因拷貝。

這些「規則」當然有例外，不過整體來說仍站得住腳。這些簡單的共通特性意味著毒液在生物特性和生化特性上受到相當大的限制，以至於只能發揮某些作用，其他作用就無法辦到。這也意味要對付毒液的活性，科學家只需瞄準少數對象，便能發展出藥物或是療法。這種看法激勵了新一代的醫學科學家，如果他們能找出毒液破壞能力最高的成分，加以研究並且發展出特定的療法，就可能治療最危險的毒吻，還可以創造出有辦法治療所有毒液毒害的抗毒素。

科學家非常想要製作出一種泛用的抗毒素，好對付我接下來要討論到的各種分子。響尾蛇會用讓人永誌難忘的聲音警示自己的存在；那些毒液不會造成可怕傷害的蛇，攻擊前通常不會發出類似響尾蛇的警告聲，咬傷的部位也沒有什麼嚴重損害，會讓受害者放鬆警惕，誤以為這個傷很輕微。事實上，傷口雖然輕微，但足以致死的毒素已經進入身體了。出血性毒可怕，但是神經性毒傷人更快、更安靜，也更頻繁。

第七章

動彈不得

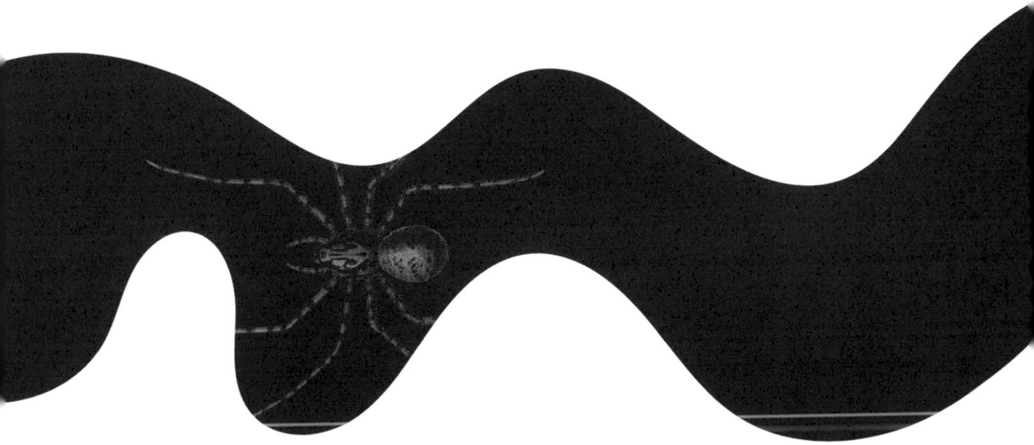

身上沒有咬傷、沒有發炎腫脹，這個人在沒有痛苦中死亡了，
安靜的沉眠帶走了他的生命[1]。
——尼坎德 NICANDER

「不會痛」，這是在澳洲潮間池被一種小章魚咬的受害者所用的詞。小章魚只有高爾夫球大小，黃褐色皮膚上有花紋，這種藍圈章魚屬的章魚全都很害羞，不喜歡和人類接觸——正確來說是不喜歡和體型比牠大的動物接觸。牠們幾乎躲一整天，不是利用可以改變顏色的皮膚細胞（稱為色素細胞）讓身體與背景融合在一起，就是把柔軟的身軀塞在礁岩的縫隙中。這種動物雖然體型小、脾氣好，可是牠們具備了世界上最強烈的毒液。這些章魚之所以稱作藍圈章魚，是因為牠們在恐懼害怕時，身上會出現非常明顯的花紋：孔雀藍那般深的藍圈。人稱「死亡之圈」，那是藍圈章魚發出的最後警告。

有些體型比較大的章魚咬人會很痛，可是藍圈章魚不會。傷口是由鸚鵡嘴般的喙狀口造成的兩個小洞，感覺像是針刺或擰一下而已。有些人直到看見有一點點血流出來，才知道被咬了。那個由幾丁質構成的尖銳口器咬穿皮膚的速度很快，不會引起疼痛，但是會造成死亡。

安東尼（Anthony）和他雙胞胎哥哥並不知道這種章魚有那麼危險。畢竟在二〇〇六年，他們才四歲而已，那時他們在澳洲昆士蘭薩頓海灘（Suttons Beach）[2]的礁岩潮間池中發現了一隻小章魚。兩兄弟的母親珍（Jane）說，她看到安東尼拿著一隻小動物玩，接著就聽到他說被咬了。這個小男孩馬上開始嘔吐，視線變得模糊，很快就無法站立。她說：「他告訴我『沒辦法走路』。他的兩腿無力[3]。」幸好他很快便接受急救人員的照護，他們完全清楚這突發的嚴重症狀從何而來。（雖然被藍圈章魚咬的情況並不普遍，但在這種致死章魚出沒的地區，急救人員都很清楚牠們的威名。）他們帶著小男孩衝到醫院，這時他已經呼吸困難，很快地無法控制全身的肌肉，必須轉送到小兒科加護病房。被咬後不到三十分鐘，他就必須仰賴呼吸器維持生命。過了十五個小時，安東尼身體中的毒素才清除了不少，能夠自行控制肌肉活動。過了一整天，他才恢復到可以出院的程度。

如果安東尼沒有快速得到醫療照護，或是無法描述咬他的對象，那麼可能就活不成了。約在五十多年前，一隻類似的小章魚就殺了一名成年人[4]。那時急救人員還不知道藍圈章魚能製造劇烈的毒液。一九五四年，二十一歲的科克・戴森－荷蘭（Kirke Dyson-Holland，友人稱他「達奇」〔Dutchy〕）和朋友約翰（John），在澳洲達爾文市（Darwin）南方約五公里的海邊叉魚。他們在海邊的潮間池漫步，看到礁岩中有一隻章魚。約翰認為這隻章魚能當成等下抓魚的誘餌，便伸手抓起，讓章魚在自己的手臂和肩膀上爬動。他和達奇以前就曾這樣玩章魚，沒發生過什麼意外。約翰把小章魚遞給達奇，達奇一面走、一面讓小章魚在自己的身上爬來爬去，後來章魚爬到他的脖子上。達奇並沒有感覺到被咬了一下，但是幾分鐘後，他覺得嘴巴變乾，然後他走離水邊，開始嘔吐，呼吸也變得困難起來，接著跌倒在沙地上。約翰把他帶離海灘，送到醫院。在達奇失去說話能力之前，對朋友講的最後一句話是：「那只是一隻小章魚，小章魚啊！」兩個小時之後，他去世了。

在當時，達奇的死因被認為是對章魚的唾液過敏，是不幸的併發症。就算過了十年，布魯斯・霍爾斯特德（Bruce Halstead）編撰的《世界有毒海洋動物》（*Poisonous and Venomous Marine Animals of the World*）這本最常受到引用的有毒動物巨著出版時，幾乎沒人知道那些章魚具有毒液，威脅生命、造成死亡的咬傷被認為是意外[5]。到了一九七〇年，澳洲科學家雪莉・費里曼（Shirley Freeman）和透納（R. J. Turner）把豹斑章魚（*Hapalochlaena maculosa*）毒液中最致命的成分分離了出來，稱為環蛸毒素（maculotoxin），這時還不知道這種毒素的化學組成[6]。他們把毒素注射到大鼠和兔子體內，馬上便引起血壓和心跳速率大幅下降，並且讓動物的呼吸系統完全麻痺。八年後，科學家確認環蛸毒素事實上就是那種讓河豚出名的分子：鼎鼎大名的河豚毒素[7]。

河豚毒素是已知最毒的分子之一[8]，比砷、氰化物和炭疽都還要毒，致死能力是古柯鹼（cocaine）的十二萬倍、甲基安非他命（methamphetamine）的四萬倍。世界上最毒的分子往往是神經性毒，河豚毒素也不例外，它們作用的目標都是神經系統。神經性毒與響尾蛇和蜘蛛的出血性毒不同，致死的速度極快，因為它們能抑制細胞間的訊息傳遞，使得細胞麻痺、無法執行功能。

身體中的細胞有多種傳遞訊息的方式，最快速的是電訊息。電力不只是由電池儲存、電線傳遞，依照定義，是帶電粒子移動所產生的能量。我們在小時候學到宇宙萬物都由原子構成，原子由三種基本粒子組成：質子（帶有一個正電荷）、中子（不帶電）和電子（帶一個負電荷）。我們給質子一個 +1 的符號，給電子 -1，把某個原子中所有正電荷與負電荷加總起來，就能知道這個原子是否帶正電或是負電——大於零是帶正電，小於零帶負電。對分子來說也是。這些帶有電荷的原子和分子稱為離子。

離子很容易彼此反應：正離子會受到負離子吸引，負離子會受到正離子吸引；同電荷的離子會相互排斥。所以，在一道障礙物兩邊的電荷數量不同，那麼當障礙物消失，便有了移動的電位（potential）——電壓就是這樣測量的，由不同電荷的差異所造成的位能（potential energy）。電池依照這種原理運作：一個九伏特的電池中，陽極槽和陰極槽之間的電位差是九伏特，當電線把兩個槽連接起來，就能使用這個位能。陽極槽中的電子蓄勢待發，要遠離彼此而出發去尋找正電，當你接上電路讓電子能夠活動之後，它們便奔出了。如果你讓兩個電池彼此的負極相接，兩者之間便沒有電位差。

細胞基本上像是微小的電池，細胞膜是分隔兩種帶電量不同溶液的障礙物。細胞裡有比較多鉀離子，細胞外的溶液中有比較多鈉離子和氯離子，雖然還有其他種類的離子，不過這三種是讓細胞膜內外電量不同的主要成分。人類身體中，普通的細胞在休息時具有的電壓是負七十毫伏特（mV），這是因為細胞裡的負電荷要比外面多一點。細胞主動把流進來的鈉離子排到細胞外、把流出去的鉀離子收回來，好讓細胞膜兩邊持續維持這樣的電位差。更重要的是，神經系統利用這樣的細胞膜電位，高速傳遞訊息到身體各個部位，也以此接收訊息，所使用的細胞是細長的神經元。

為了要輸入這段文字，我的腦會把訊息傳遞到我的手指，控制手指移動的時間與方式。這個傳遞過程不需要花幾秒幾分。神經元傳遞訊息的速度是每秒一百五十公尺，這意味著我的想法傳到指尖只需要一百五十分之一秒。我感覺鍵盤壓力傳遞的速度也是一樣。對於我們龐大又複雜的身體來說，這樣的速度至關緊要，如果沒有細胞膜電位，速度不會這麼快。

當我的皮膚細胞接觸到鍵盤，壓力會使得我皮膚最外層表皮（epidermis）下的機械受器（mechanoreceptor）[9]活化，打開感壓離子通道（force-sensitive ion channel）[10]。通道一旦打開，離子便開始移動。離子通道可以是一般性的，任何帶電粒子都能通過；也有能改變形狀並且攜帶電荷，只讓一種離子通過的離子通道。這裡提到的感壓離子通道屬於鈉離子通道，可以讓鈉離子快速流入細胞，細胞裡的正電荷頓時就比細胞外多了。所以當我觸摸到鍵盤時，細胞膜上離子通道打開的那片小區域，電壓變成了正三十毫伏特。之後，感壓離子通道便關閉起來。

細胞膜上有些類似的離子通道，不過這種通道感應的不是壓力，而是電壓。當鈉離子大量流入細胞，這些離子通道便會打開，其中有些是鉀離子通道，可以讓鉀離子離開細胞，使得細胞膜內外恢復原來的分布（外面正電、裡面負電）。當細胞膜的狀況恢復後，這些離子通道也會關閉起來，細胞膜上負責主動運輸的幫浦則會慢慢把膜內外的鈉離子和鉀離子送回原先的地方。細胞膜上到處都有這些電位閘控型通道（voltage-gated channel），當一個離子通道打開後，離子的流動會讓鄰近的離子通道跟著打開。電位閘控型鈉離子通道接連開啟，整個過程就這樣一點一滴傳出去。在長長的神經細胞上，電訊息就是利用這種類似骨牌效應的方式移動，最後傳到大腦，通知說我的手指接觸到了東西。這個過程聽起來好像非常複雜，其實這些離子是以非常快的速度移動了非常短的距離，離子通道開關的速度更是飛快。

神經元末端所具備的受器可以有各式各樣的組合，因此我們有各種感覺。鼻子和嘴巴裡的受器與特定分子結合後，讓鈉離子流入細胞中，因此我們有嗅覺與味覺。耳朵裡有對壓力極為敏感的受器，這樣便有了聽覺。眼睛有對光線敏感的受器，接收特定波長（顏色）的光線。皮膚上有多種受器，對壓力、溫度和震動產生反應。這些電位變化（稱為「動作電位」）會沿著神經元傳遞，也可以從腦傳出來。要讓肌肉運動時，腦部的神經元會把想法轉譯成持續的電位，最後通知肌肉纖維是要收縮還是放鬆。不論是感覺的傳遞還是肌肉的運動，其中最重要的就是讓電位變動、以便持續傳遞的離子通道——這些離子通道就是神經性毒攻擊的目標。

舉例來說，河豚毒素能阻擋鈉離子通道。當藍圈章魚咬傷受害者，毒液中的河豚毒素會關閉受害者的神經元傳訊，使得麻痺感從毒液進入的傷口擴散出去，隨即造成噁心、嘔吐和腹瀉，衰弱與癱瘓等症狀不久後也會出現，因為神經元上的鈉離子通道已經無法維持動作電位，腦根本無法通知肌肉運動。就算是呼吸也需要這樣的電訊息，河豚毒素使得橫膈膜的運動減緩，甚至停止。如果劑量夠高，受害者的心臟甚至無法搏動。

然而，河豚毒素不是對所有動物都有用，因為並非所有的鈉離子通道都是相同的，人體中也有各種不同的鈉離子通道。河豚毒素會那麼厲害，是因為它有辦法和人類全身以及其他脊椎動物體內重要的一群鈉離子通道緊密結合，但是對其他的鈉離子通道卻沒有效果[11]。藍圈章魚的鈉離子通道便不受自己毒液成分的影響，而且不只有藍圈章魚使用河豚毒素，蠑螈、蛙類、螃蟹、海星也用，甚至還有蛇和河豚。這些動物不是能對抗河豚毒素的效果、就是對其免疫[12]，牠們的身體鮮少或是完全沒有河豚毒素能發揮效用的離子通道。

那麼，算起來一共有多少種通道呢？比你想像的要多得多。例如鉀離子通道是由四個蛋白質組合而成，這類蛋白質的基因大約有七十個，如果以同一個基因製造出來的蛋白質組成鉀離子通道，就會有不同的七十種。也可以有不同蛋白質組合出來的通道，例如三個同樣的蛋白質和另一種蛋白質，或是四個蛋白質都不同。理論上組合的方式可以高達兩千四百萬種，科學家還沒確定這麼多種組合是否全都確實存在，以及它們的功用是什麼。不過我們知道身體中的確有很多種鉀離子通道，各有不同的功能。有些只在腦中的神經元出現，有些在負責傳遞訊息到肌肉的神經元中。其他的離子通道也有類似的多樣性。

神經訊息傳遞的每個步驟，都可以受到各種動物所製造含有神經毒素的毒液影響。像是河豚毒素關閉重要的通道，另外有些神經毒素卻會打開通道；有些毒素作用在傳遞途徑的起點，有些在終點；有些會任意作用在某一群通道中的各個類型，有些只能作用在某一類型的通道上。河豚毒素屬於前者，是種凶殘的神經毒素，能作用在許多類型的鈉離子通道上，幾乎對所有動物都是致命的。相對極端的是另一類海洋軟體動物所使用的毒素，這類群軟體動物的毒素分子以優雅著名，每個物種製造的毒素分子都有非常特定的作用目標。這些螺類就像是心靈手巧的酒保，調配出的毒液剛好能讓獵物無法動彈。要比麻痺癱瘓受害者的能力，沒有什麼類群的動物比得上這些了不起的螺類。

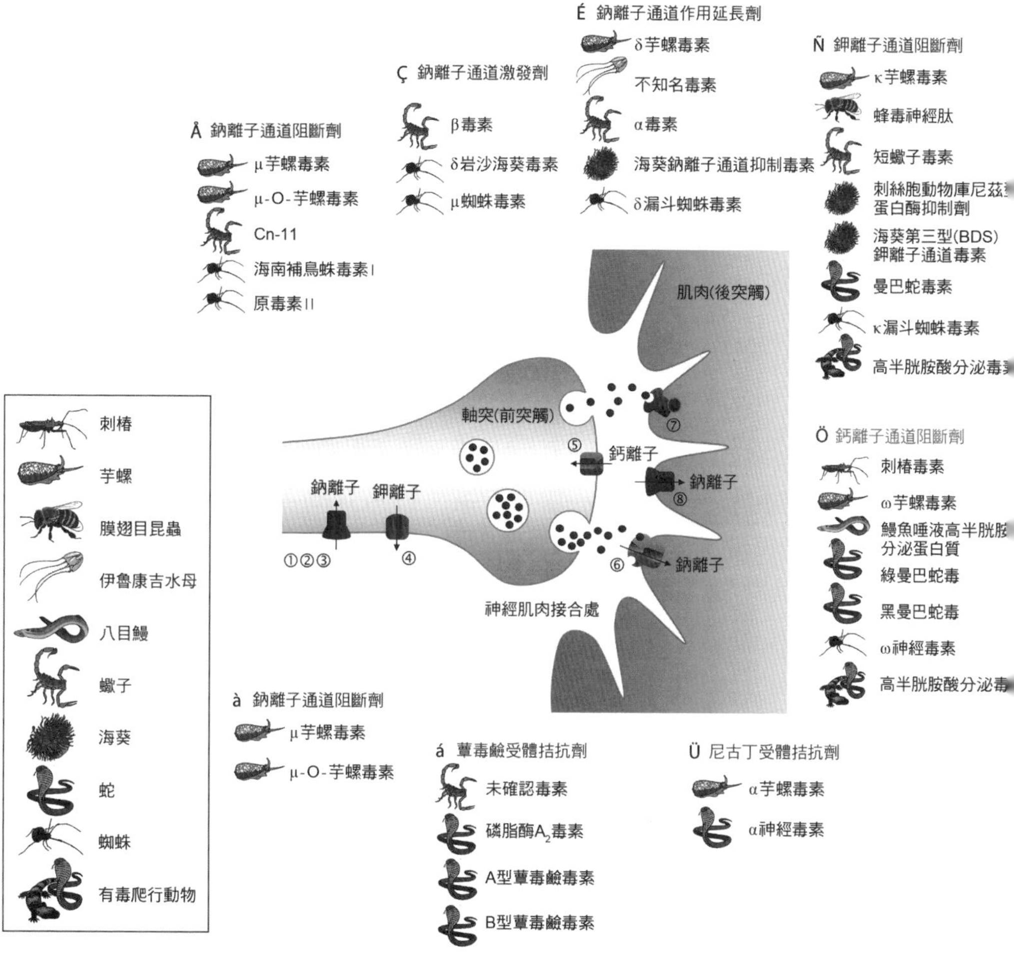

Å 鈉離子通道阻斷劑
μ芋螺毒素
μ-O-芋螺毒素
Cn-11
海南補鳥蛛毒素I
原毒素II
Ç 鈉離子通道激發劑
β毒素
δ岩沙海葵毒素
μ蜘蛛毒素
É 鈉離子通道作用延長劑
δ芋螺毒素
不知名毒素
α毒素
海葵鈉離子通道抑制毒素
δ漏斗蜘蛛毒素
Ñ 鉀離子通道阻斷劑
κ芋螺毒素
蜂毒神經肽
短蠍子毒素
刺絲胞動物庫尼茲
蛋白酶抑制劑
海葵第三型(BDS)
鉀離子通道毒素
曼巴蛇毒素
κ漏斗蜘蛛毒素
高半胱胺酸分泌毒
肌肉(後突觸)
軸突(前突觸)
鈣離子
鈉離子
鉀離子
①②③
④
⑤
⑥
⑦
⑧
神經肌肉接合處
Ö 鈣離子通道阻斷劑
刺椿毒素
ω芋螺毒素
鰻魚唾液高半胱胺
分泌蛋白質
綠曼巴蛇毒
黑曼巴蛇毒
ω神經毒素
高半胱胺酸分泌毒
刺椿
芋螺
膜翅目昆蟲
伊魯康吉水母
八目鰻
蠍子
海葵
蛇
蜘蛛
有毒爬行動物
à 鈉離子通道阻斷劑
μ芋螺毒素
μ-O-芋螺毒素
á 蕈毒鹼受體拮抗劑
未確認毒素
磷脂酶A2毒素
A型蕈毒鹼毒素
B型蕈毒鹼毒素
Ü 尼古丁受體拮抗劑
α芋螺毒素
α神經毒素

各種分泌毒液的動物所製造的毒素，可以作用在運動突觸和其他各種標的上。

（圖片版權：布萊恩．佛萊）

在夏威夷的潮間池，不需要擔心藍圈章魚出現，可是依然有許多具神經性毒液的危險動物。夏威夷有很多芋螺，每年小學二年級生和他們的父母在潮間池跟著我認識海洋生物時，總會看到芋螺。芋螺的殼造型多變，通常以外型取名。就算芋螺覆蓋著藻類，要分辨這些生長在海邊淺水地區的螺類也不是難事。每年我們都會警告小朋友不要去接觸芋螺，因為芋螺很容易就被發現到，但卻難以區別會捕食魚類的危險芋螺與只吃蠕蟲的芋螺。芋螺的身體通常會縮在外殼裡，讓人以為那是漂亮的空殼而撿起來。雖然有事前警告，但是每年都會有小朋友手上抓著危險到可能致死的芋螺，讓我徹底嚇壞。我會再一次指出要避免哪些形狀的芋螺，並且誇張又流利地說明為何這些芋螺碰不得。不過回想這些年來，應該沒有任何一位小朋友或是父母親會因為芋螺有那麼危險，而在看到牠們時全然置之不理。這些擁有美麗外殼的芋螺具備了強烈的毒液，對於巴多梅羅．奧里維拉這樣的科學家來說，那是尋找新毒素的最佳來源，他研究海螺毒素近五十年了。

他說：「我本來沒有打算[13]研究這個題目這麼久。」他和我在檀香山畢夏普博物館（Bishop Museum）中，這座博物館有豐富的軟體動物收藏。在冷涼且有點昏暗的走廊兩邊，灰色的鐵櫃從地板疊到天花板，裡面全是貝殼。同事和朋友稱奧里維拉為「托托」（Toto），他是世界級的芋螺專家，從一九六〇年代後期開始研究海螺致死的毒液。他在加州理工學院（California Institute of Technology）取得博士學位，接著做了幾年博士後研究員。由於遠離家鄉求學多年，他想要回到祖國，於是在菲律賓大學醫學院取得職位。托托剛離開研究DNA複製的工作，想要從事高科技的生物化學，但是他在馬尼拉的新實驗室沒有設備，也缺乏資金。身為神經科學家，他對那些能製造攻擊神經細胞毒素的動物很感興趣。從那時起，他便思索要研究海螺與海螺製造的致死毒液。「小時候曾收集貝類，我那時就知道這些海螺能毒死人。」

這群有毒的芋螺是掠食性的海洋軟體動物，都屬於芋螺科（Conidae），牠們擁有特殊的「牙齒」，排列起來形狀像是有倒鉤的魚叉，上面有條小管子連接到毒囊。芋螺發動攻擊時，會把魚叉狀的牙齒刺進受害者身體，經由管子注射毒液，讓獵物幾乎當場麻痺。芋螺通常不會攻擊人類（托托說：「要幹下很蠢的事情才會被刺。」），但仍有數十人死於牠們的麻痺性毒液之下，其中地紋芋螺（geographer's cone, *Conus geographus*）造成的死亡人數最多，也是托托最早研究的芋螺。

他一開始想要研究地紋芋螺的毒性為什麼會那麼高，便把毒液注射到小鼠的腹腔中，讓這些毛茸茸的小鼠頭朝下抓著繩網，當麻痺部位逐漸在小鼠的身軀擴散開來，最後小鼠會抓不住繩網而掉下來。托托用這個「小鼠掉落」的實驗（生物檢測法）來找出毒液中造成麻痺的化合物。他根據大小與化學特性，區分毒液中的組成成分，慢慢地縮

畢夏普博物館中軟體動物的收藏，這是最毒的芋螺，正確來說是芋螺殼。
（照片提供：克莉絲蒂・威爾科克斯）

減範圍，把具有麻痺活性的成分確實挑出來。最後他找到了一些胜肽，那是由不到二十個胺基酸組成的小型蛋白質，稱為芋螺毒素（conotoxin）。經過多年研究，他發現了兩種最毒的芋螺毒素，一種的作用類似河豚毒素，能關閉鈉離子通道，另一種類似在眼鏡蛇毒液中發現的毒素。

他解決了疑問，也有了足夠的經費買比較好的設備，應該是轉變研究方向的時候。這時菲律賓的馬可仕政權宣布戒嚴，因此在一九七三年，托托全家搬到美國鹽湖城（Salt Lake City），進入猶他大學（University of Utah）任教。在學校中他為了因應學生的需求，把芋螺研究放到次要的地位。托托說，就在這個時候，十九歲的學生克雷格．克拉克（Craig Clark，後來成為神經外科醫師）改變了一切。克拉克有個異想天開的主意：不是把毒素成分注射到小鼠肚子裡，他認為應該要注射到小鼠的中樞神經系統。克拉克著手進行，結果出人意料：在「小鼠掉落」測驗中所忽略的許多成分，注射到小鼠腦部後會引發效果，而且這些效果十分奇特。有些胜肽會讓小鼠跳躍扭動、有些會讓小鼠繞著圈子跑，還有一種會讓小鼠安眠，但是接受注射的小鼠必須不到三個星期大——如果是成年小鼠，注射之後會從籠子的一角跑到另一角。

有了新的設備，包括高效液相層析儀，托托和克拉克能仔細地將每種胜肽區分開來。他們發現芋螺毒素的多樣性高到不可思議。托托說：「有的會讓小鼠憂鬱，有的會讓小鼠昏睡，有的會讓小鼠發抖，有的會讓小鼠抓東西。」他用筆記型電腦秀出他實驗室所研究的各種胜肽。「我們突然發現到，這種毒液不只含有一些麻痺性毒素而已，而像是非常多種藥物組合在一起的複雜混合物……這個實驗改變了一切。」

在克拉克出色的發現之後，托托收了一大批大學生，每個人可以自選一種芋螺，然後利用克拉克的方式，純化並且測驗自己所選芋螺中芋螺毒素的活性。一九八〇年代初期，有個大學生決定要純化震顫胜肽（shaker peptide），因為注射了這種胜肽的小鼠會開始抖動。他名叫麥克·麥金塔（J. Michael McIntosh），研究的芋螺是僧袍芋螺（magic cone, *Conus magus*），這個胜肽後來命名為 ω - 芋螺毒素 MVIIA。現在這種芋螺毒素有另一個名字：普賴特（商品名 Prialt，藥物名 ziconotide），是第一種從芋螺毒液中發展出來、美國食品與藥物管理局核可的藥物。

托托在描述普賴特發揮療效的方式時特別振奮，壓抑不住他對學生的發現的興奮之情。他給我看一段神經與肌肉接合之間神經突觸的影片，讓肌肉運動的訊息便是經由這個突觸傳遞。電訊息傳到神經元末端要通知肌肉收縮時，會引發另一種離子通道開啟：電位閘控型鈣離子通道（voltage-gated calcium channel）。大量的鈣離子流入細胞，使得細胞釋放神經傳遞物乙醯膽鹼，這種化學成分會引發一連串反應，最後的結果便是肌肉收縮。托托解釋，普賴特能封阻鈣離子通道。沒有鈣離子流動等同沒有肌肉收縮，也就等同麻痺。

他問道：「這種化合物怎麼能成為藥物？對吧？」同時浮現會心的微笑。這全肇因於芋螺毒液中的胜肽極為特殊。人類引發肌肉收縮的鈣離子通道和魚類的不同，因此這種毒素不會影響人類。不過人身上有一種鈣離子通道卻類似魚類肌肉上的鈣離子通道，在我們的體內另有用途：與調節運動無關，而是疼痛迴路中重要的一分子。普賴特會阻止魚類運動神經元的活動，也會關閉人類感覺疼痛的神經元末端的鈣離子通道，使得脊髓中的疼痛訊息無法傳遞。沒有鈣離子的流動，便沒有訊息傳遞到腦部，也就沒有了疼痛。這是慢性疼痛患者的恩物，因為就算是最強的麻醉藥物，對於部分患者（例如某些癌症病人）依然沒有緩解疼痛的效果。

普賴特作用的目標非常特別，所以能當作藥物。如果它還會作用在其他鈣離子通道上，便會引發許多副作用，就無法成為藥物了。不過對於毒液來說，作用目標特別也會引發問題，因為獵物可能演化出對抗個別毒素的能力，就如同貓鼬可以抵抗眼鏡蛇的神經性毒素。芋螺為了解決這個問題，牠並不倚靠單一種劇烈的麻痺性毒素，而是製造很多種，每種都能影響一種和肌肉收縮有關的作用：有的毒素關閉鈉離子通道，有的封鎖鉀離子通道，還有的能阻礙鈣離子通道。

不過這些只是芋螺毒素多樣性的九牛一毛而已。托托把那些抑制運動神經元活動的毒素稱為「運動結社」（motor cabal，他解釋：「結社是要推翻政權的祕密組織。」）。「運動結社」中的每種毒素都有辦法讓魚類麻痺，不過由於它們都直接抑制運動神經元的活動，作用相對緩慢。屬於運動結社的芋螺毒素要花二十秒才能經由循環系統抵達魚的全身，接觸到每個神經元，讓魚停止扭動，最後成為芋螺的大餐。這時間拖太久了，無法保證讓芋螺抓到魚。我們知道芋螺有作用快速的毒素：影片顯示當芋螺攻擊魚類時，只要一眨眼，鮮魚大餐就停止不動了。

這一開始就產生的麻痺，是另一組毒素造成的，托托稱作「閃電結社」[14]。這個結社中主要的毒素是δ芋螺毒素和κ芋螺毒素。這些毒素不是把通道關閉，而是讓通道持續開著，關不起來，結果刺傷部位傳出大量動作電位，這時魚就好像是觸電了，全身的肌肉都一直接收到要收縮的訊息，讓魚整個都僵硬起來。

閃電結社和運動結社的聯合作用，只是獵魚芋螺的捕食策略之一。其他的芋螺有不同的獵捕策略，例如讓一群魚陷入「胰島素昏迷」（insulin coma）[15]，這得運用其他結社中的毒素來操控獵物。最近科學家發現，芋螺不只製造毒素來殺死獵物，也製造另一組毒素用於防禦，能依狀況不同使用掠食性毒液或防禦性毒液[16]。

這下子每種芋螺都會製造那麼多種毒素，就變得很有道理了。但是牠們毒素的多樣性從何而來？每種芋螺所具備的胜肽都不一樣，各自有獨特的組合，現在芋螺屬中有五百多個物種[17]，是海洋動物中最大的屬。這只是算到芋螺屬而已。托托估計，如果擴大到整個螺類，目前全世界已知約有一萬種有毒的海洋螺類[18]，每種都有數百到數千種不同的毒素[19]。大部分都沒有經過詳細的研究，例如捲管螺（turrid snail）的種類便非常多，牠們最多只有兩、三公分長，棲地並非很容易就可以抵達的淺海，但捲管螺科物種的毒液中依然有滿滿的胜肽。這樣計算下來，大約有三十萬到三千萬種有毒胜肽等著發現並且定序。這群動物在毒液上的成就，壓倒性勝過其他有毒的物種。

那麼，有毒的螺類是如何製造那麼多種毒素？祕密在於遺傳優勢。牠們的毒液基因是地球上演化得最快的ＤＮＡ序列[20]。說到演化，我們通常會想到那些顯露在外的效應，像是各式各樣的特徵與行為，讓每個物種與血緣接近的其他物種有所不同，但演化是遺傳變化有了一定程度之後才會產生，而不是指形貌上的差異。在一個物種中的不同個體，彼此的外觀可以有很大的差異，但是遺傳組成把他們歸屬於同一物種。在這百年來，科學家已經把演化定義為族群中基因變化型（稱為「對偶基因」）頻率的變化[21]，所以演化的「速率」或是「速度」指的是基因突變或複製得有多快。就演化速度來說，有毒螺類是動物界中的短跑名將「牙買加閃電」尤山．波特（Usain Bolt）。行動慢吞吞的螺類快在你看不見的地方。

基因體是生命的藍圖，每個動物的基因體中包含了構成個體所需的基因。這些基因訊息儲存在DNA上，用到四種字母，也就是DNA上的四種鹼基：A是腺嘌呤（adenine）、T是胸腺嘧啶（thymine）、G是鳥糞嘌呤（guanine）、C是胞嘧啶（cytosine）。三個字母組成一個「字」，稱為「密碼子」，經過轉譯後代表不同的胺基酸，胺基酸則是蛋白質的組成元件。例如AAA密碼子代表離胺酸（lysine），GAA代表麩胺酸（glutamine）。A、T、G、C有六十四種可能的組合方式，必需胺基酸只有二十種，所以有些「密碼子」會翻譯成相同的胺基酸。也因為如此，部分鹼基更換了並不會影響所代表的字，AAA可以變成AAG，反過來也可以，都代表離胺酸。能讓基因產物蛋白質中的胺基酸跟著改變的鹼基變化，稱為「異義取代」（non-synonymous substitution）；如果胺基酸不會改變，就稱為「同義取代」（synonymous substitution）。

動物遺傳物質可以經由三種方式改變：1. 突變，遺傳密碼中某個字母改變了；2. 插入（insertion）或缺失（deletion），可以是一個鹼基或是一段DNA序列加入原本的DNA序列中，或是從中消失了。如果插入或缺失序列的鹼基數量不是三的倍數，插入或缺失部位之後基因的「展讀區」（reading frame，三字母密碼接連排列的區域，第一個密碼是啟動密碼）就會發生改變。3. 複製：整個基因多出了一份。在演化過程中，複製非常重要[22]，因為複製出的那份基因是多出來的，只要有原來的那個基因，動物就能維持正常功能；只要原本那個基因繼續扮演原先的重要角色，新複製出來的基因就可以自由地突變或是增減鹼基。人體中便有許多基因一再地複製，每個新複製出來的基因會慢慢改變，最後製造出新的蛋白質。例如紅血球中攜帶氧氣的血紅素，以及在肌肉中和氧氣結合的肌紅素，就是基因複製之後的產物。

芋螺毒素的基因是地球上複製得最快的一群基因。舉例來說，芋螺毒素基因中的A超家族（superfamily）會自動複製，數量每百萬年就會變成原來的一．一三倍[23]，比起其他動物基因體在研究時所發現複製最快的基因還要快上三倍，也比其他以演化速度著名的基因（例如人類嗅覺基因）至少快上兩倍。科學家研究芋螺最近兩百萬年的演化史，發現基因複製的速度加快了。每種芋螺都有幾十個屬於A超家族芋螺毒素基因，這些基因複製每百萬年會複製出四份。更重要的是，芋螺一直維持這樣高速的基因複製速度，沒有停下來的跡象。目前尚未發現其他動物會這樣持續讓基因複製。

這些基因不只是複製而已，改變的速度也非常快。在每百萬年中，芋螺毒素基因中的變異取代發生率[24]是百分之一．七到四．八，是哺乳動物中已知最快突變率的五倍、果蠅最快突變率的三倍。這只是平均突變率而已，如果把複製的情況也算進來，每百萬年變異取代的發生率是百分之二十三[25]。

芋螺為演化速度定出了高標，許多分泌毒液動物的毒素基因也有很快的演化速度，特別是神經性毒素。快速多樣化是許多毒素的特徵，這種高速的分子演化使得毒素的多樣性高得不可思議，多到科學家算不出來，也無法一一定序和研究。多樣性使得毒液在各種階層上都有變化：在個體之間毒素的類型可以有變化，依照性別與年齡的不同可以有變化，同種個體和不同種個體之間也有變化。還有，章魚和刺魟的親緣關係很遠，但是製造出對付相同目標的毒液。毒液中的分子變化多端，不過這些成分發揮的功用卻十分相近。

這種演化速度背後的驅動力量不是要發展出新的攻擊目標，而是要確保毒素隨時都具備強烈的毒性。在芋螺的例子中可以看到，捕捉獵物時神經性毒素特別有用，因為這種毒素有辦法快速造成麻痺，使得眼前的大餐移動速度減慢。如果產生毒液的狩獵者使用能關閉獵物鈉離子通道的分子，這種強大的篩選壓力能讓獵物體內不會與這種毒素作用的鈉離子通道脫穎而出。就如同我們在貓鼬這例子所見的，只要幾個突變就可以使毒素的活性失去效用。分泌毒液的動物必須一直準備好面對改變。你可以投個曲球希望打者揮棒落空，芋螺則是一次投出幾百個球，好確定獵物絕對無法每個球都打到。托托解釋：「芋螺這樣做就像是結合多種藥物的治療。對於一種生理狀況的反應結果，牠們不只用一種藥物，而總是使用多種成分。」

毒液成分多樣性與快速演化的目的，是要領先作用目標的改變速度，這樣也才能讓製造毒液的動物有機會改變獵食的動物種類。根據最新的毒液基因研究，芋螺就曾發生過這樣的事。對人類而言，最致命的魚類獵人是芋螺，有證據指出，這些芋螺是先演化出針對脊椎動物離子通道的防禦性河豚毒素之後，才轉而獵捕魚類[26]。轉變的狀況是這樣的：所有芋螺本來吃的是像蠕蟲這樣的小動物。位在海洋食物鏈頂端的魚類，在體型上本來會對芋螺造成威脅，快速演化的毒液基因讓芋螺這種軟體動物有了防禦性武器，好在魚類的獵捕下生存。然而有些芋螺毒素變得對魚類組織中的通道作用力非常強，導致魚類死亡，這使得芋螺有了新的大餐選項。至少有三個演化支系的芋螺發生過這樣的改變，得以捕食游動快速的魚類。

不只有芋螺和藍圈章魚製造神經性毒素，分泌毒液的動物中，在各門裡都至少藏有一些會製造神經性毒素的種類。蜘蛛毒液中含有神經性毒素，但是不會對哺乳動物造成巨大傷害——不過有例外，像是寡婦蛛，其中特別著名的有黑寡婦和褐寡婦（brown widow spider），牠們劇烈的神經性毒素是寡婦蛛毒（latrotoxin）。寡婦蛛毒與其他的神經性毒素不同，並非作用在離子通道上，而是把自己當成離子通道[27]：毒素會在細胞膜上形成能讓鈣離子通過的孔道，使得神經突觸失去控制、持續活躍。這種毒素會讓受害者[28]全身劇痛、痙攣、心跳加速、抽搐，症狀可維持數天到數週。蠍子也是製造神經性毒素的專家，不過牠們針對的目標是非哺乳類動物。不過有些蠍子的確具備了讓人類難以動彈的神經性毒素，特別是肥尾蠍（fat-tail scorpion），這類蠍子的毒液會引發癲癇和昏迷[29]。以色列金蠍的英文名是deathstalker scorpion（死亡潛行蠍）[30]，完全名符其實。還有印度紅蠍（Indian red scorpion），螫人的致死率在百分之八到四十之間[31]，兒童被螫的致死率最高。

提到神經性毒素，有一類動物不能不提。人類在地球上出現之後，就對牠們慢慢產生恐懼與幻想。牠們致命的毒液可能是驅動人類眼睛和心智演化的力量，牠們是過去與現在文明故事中的明星，時至今日仍是你一眼就可以辨認出來的動物。牠們是蝙蝠蛇科的動物，其中最有名的便是你絕對不會錯認的眼鏡蛇。

蝮蛇會攻擊動物，在身後留下受傷淌血的屍體。眼鏡蛇則相反，有的時候牠們咬傷的傷口要在驗屍時才會發現。世界上最致命的毒蛇都屬蝙蝠蛇科，包括了眼鏡蛇、曼巴、青環蛇、太攀蛇、南棘蛇、海蛇、珊瑚蛇（coral snake）。這些蛇和芋螺一樣，使用胜肽讓目標獵物麻痺[32]，但是牠們與芋螺、蜘蛛、蠍子不同的地方在於目標獵物通常是哺乳動物，所以牠們的毒素對人類而言是致死的。和牠們慣常攻擊的獵物相比，人類只是比較高瘦、毛髮較少而已。牠們的神經性毒素中，最毒的是α-神經毒素，通常稱為「三指」毒素，因為這種毒素的核心像是三個手指模樣的環[33]。它們能抑制肌肉細胞的神經傳遞物受體發生作用，使得受害者麻痺而死。

更有趣的是，有些眼鏡蛇的神經性毒素除了造成嚴重的麻痺外，還會對身體有其他影響。這些蛇除了搞亂肌肉，還有更險惡以及讓人驚懼的能力：操控心智。

第八章

心智遊戲

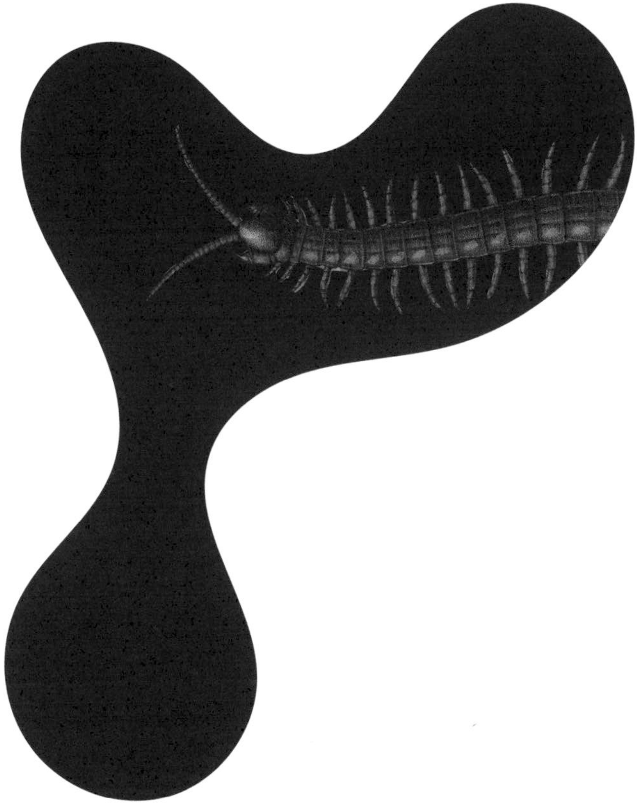

我的身體充滿了電。這是生平第一次覺得我有真實的心臟、真實的身體，
我知道在我身體中燃燒的那種火焰點亮了整個宇宙。
沒有任何書讓我有這種感覺。沒有任何人讓我有這種感覺[1]。
——班哲明·阿萊爾·桑茲 BENJAMIN ALIRE SAENZ

我不知道蟑螂會不會作夢。如果會，我想在牠們的惡夢中，扁頭泥蜂（jewel wasp）應該是重要角色吧。這種嬌小的獨居熱帶黃蜂，對人類來說真是微不足道。畢竟牠不會操控人類的心智，讓人類自願擔任牠後代的新鮮大餐，但是牠們對毫無戒備的蟑螂會幹這種事。這種黃蜂真的是應該出現在恐怖電影中的角色，絕不誇張。扁頭泥蜂和其他同類的黃蜂是恐怖電影《異形》中，從身體裡爆出來的怪物的靈感來源。這是個簡單卻怪誕的故事：黃蜂控制了蟑螂的心智，讓蟑螂作為後代的食物；黃蜂奪走了蟑螂的恐懼感或是逃脫的意志，讓蟑螂接受命運的安排。不過與我們在大銀幕上看到的劇情不同的是，並非無藥可救的病毒讓健康的蟑螂轉變成沒有心智的殭屍，而是黃蜂的毒液在搞鬼。這不是普通的毒液，這種毒液就像是毒品，作用目標是蟑螂的腦。

腦基本上就是一群神經元，人腦和昆蟲腦都是如此。我上一章介紹過，有幾百萬種毒液分子可以啟動或關閉神經元，當有些毒素並非作用在周邊神經系統（連接肌肉和其他組織的神經元），而是受到嚴密保護的中樞神經系統（包括腦），並不會出人意料。有些毒素突破了生理上的重重障礙，從遠端的注射位置出發，穿過血腦障壁（blood-brain barrier）進入受害者心智所在的腦部。有些則會直接把毒液注入腦部，扁頭泥蜂就是這樣對付蟑螂的。

說到使用麻痺作用以外的神經性毒液，扁頭泥蜂是個漂亮又恐怖的例子。這種黃蜂的體型通常比受害者小很多，會從上方攻擊，俯衝而下用口器咬住蟑螂，同時將產卵管（ovipositor，位於胸部，在第一對腳之間）刺入蟑螂體內。在幾秒鐘之內，毒液分子迅速發揮作用，使得蟑螂暫時麻痺。這時黃蜂可以好好瞄準，再刺進下一針。黃蜂經由長長的產卵管，把改變心智的毒液注射到蟑螂神經結中的兩個區域，這個神經結相當於昆蟲的腦。

黃蜂這根刺有著完全配合受害者的精良設計，能夠感覺蟑螂腦殼下的狀況，直接把毒液注射到腦中的適當部位[2]。這根刺會根據蟑螂頭部的結構與化學成分，找到適當的地點穿過神經結鞘（ganglionic sheath，相當於蟑螂的血腦障壁），在精確的位置注入毒液。注射毒液的兩個部位對黃蜂而言非常重要。科學家以人工方式把蟑螂的這兩個部位切除，好看看黃蜂的反應，發現黃蜂會花很多時間用插入的針努力尋找這兩個已被切除的部位[3]。

毒液注入後，心智控制便展開了。首先，受害者會打理自己。當蟑螂從針刺導致暫時性麻痺恢復過來後，便會用前腳一絲不苟地開始清理自身，耗時約半個小時。科學家指出，這是由毒液引發的特殊行為。刺穿蟑螂頭部、用平常的方式壓住蟑螂，或是蟑螂只接觸到黃蜂但沒有受到針刺，都不會引發這樣的清潔行為[4]。如果大量的多巴胺（dopamine）進入了蟑螂腦部，也會激起牠突然想清潔自己的欲望，因此科學家認為，

扁頭泥蜂將毒液注射到受害者腦中。
（照片提供：艾曼紐・比吉〔Emanuele Biggi〕）

毒液中類似多巴胺的分子可能造成蟑螂這種害怕病菌上身的清潔行為[5]。這到底是毒液造成的有利效應還是副作用，目前還在爭辯中。有些人認為，這種行為可以讓要變成大餐的蟑螂身上沒有真菌和微生物，因為黃蜂的幼蟲很容易受到感染；其他人則認為，這只是要讓蟑螂分心一陣子，如此一來黃蜂才有時間打理蟑螂的墳墓。

多巴胺是種很有趣的化合物，在許多動物的腦中都能發現，包括昆蟲和人類。對動物而言，多巴胺引起的效用非常重要。在人腦中，多巴胺屬於「報償系統」（reward system），令人愉悅的事物會引發多巴胺大量分泌[6]。多巴胺能帶來良好的感覺，這很棒，但也和成癮性行為有關，古柯鹼之類的非法藥物引起的「嗨」感也是經由多巴胺造成[7]。我們當然不可能知道當蟑螂的腦中充滿多巴胺時，牠是不是處於昆蟲的極樂之中，不過我喜歡這種想法。想到蟑螂在面對恐怖的結局之前一點快樂都享受不到，這實在是太可悲了。

蟑螂在清理自己時，黃蜂會飛走，找尋適當的地點。她得找一個黑暗的洞穴，好容納殭屍化的蟑螂大餐和自己的孩子。找到適合的地點並且整理妥當，這得花些時間。大約三十分鐘後，她回到蟑螂這裡，這時毒液的效果已經發揮出來了，蟑螂逃脫的意志已經消失[8]。理論上這個狀況只是暫時的，如果你把中毒的蟑螂和那隻要下蛋的黃蜂分開，不讓蟑螂身上有卵孵化出來，那麼殭屍化的狀態會在一個星期後逐漸消失[9]。很不幸地，對已經中毒的蟑螂來說，一個星期實在是太長了。蟑螂在腦部恢復正常之前，早就因為體內塞滿黃蜂幼蟲而死亡了。

蟑螂的行動能力依然保持完善，可是蟑螂沒有想要運用這份能力。毒液不會麻痺蟑螂的感覺，而是改變腦對感覺的反應。科學家指出，觸摸蟑螂翅膀或是腿部所造成的刺激，在正常狀況下會引起蟑螂的逃避動作。殭屍化的蟑螂體內，這樣的訊息依然傳遞到腦部，卻無法激起反應行為[10]。這是因為毒素讓某些神經元安靜下來，無法活動與產生反應，使得蟑螂的恐懼感突然消失，願意被活埋與生吃[11]。毒液的這種活性來自作用於GABA門控氯離子通道（GABA-gated chloride channel）的毒素。

GABA是γ-胺基丁酸（γ-aminobutyric acid）的縮寫，對昆蟲來說是最重要的神經傳遞物，人類也是。如果神經元活動像是場派對，那麼GABA就像是來掃興的傢伙。GABA能壓抑神經元的活動，是因為它會刺激氯離子通道的開啟。氯離子通道打開時，帶負電荷的氯離子便開始流動。氯離子傾向和帶正電的離子在一起，當鈉離子通道打開，氯離子通道也跟著打開，這樣氯離子通過細胞膜的速度便和鈉離子通過的速度一樣快，使得鈉離子比較不容易引發神經元傳遞訊息所需要的一連串反應。就算神經元接收到「啟動」的命令，動作電位半途便會停了下來。不過GABA並不是競爭型抑制劑（complete inhibitor），氯離子通道不會全都跟著鈉離子通道變化，所以如果刺激夠強，便能壓過氯離子通道的效應。黃蜂利用了這個抑制系統，讓蟑螂受到自己的控制。黃蜂的毒素中含有GABA和另兩種也能啟動同一種氯離子受體的化合物：β-丙胺酸（β-alanine）與牛磺酸（taurine）[12]。這兩種化合物能讓神經元把GABA吸收回去，增長作用的時間。

雖然這兩種化合物可以切斷腦部活動，讓黃蜂的獵物不會逃跑，但是它們無法自行抵達要發揮作用的部位，黃蜂得直接把化合物注入到蟑螂的神經結中。所幸對黃蜂而言，大自然有一種便利的巧合：同樣的毒液也能讓蟑螂腦部殭屍化，就像變魔術般令蟑螂暫時麻痺，好讓黃蜂接著刺第二針。GABA、β-丙胺酸與牛磺酸也有辦法暫時抑制運動神經元的活動，因此黃蜂只需要一種毒液便能完成兩件工作。

現在黃蜂的獵物已經靜止下來，黃蜂會咬掉蟑螂的觸鬚，喝點蟑螂美味營養的血液。接下來她把殘留的觸鬚當作套在轡頭上的韁繩，引導受害者前往牠最後的安息之地。到了洞穴中，她會在蟑螂的腿上產卵，然後封起洞口，離開。

黃蜂的毒液除了控制心智之外，還有更狠的最後伎倆。當蟑螂靜待不可避免的末日降臨時，毒液會讓蟑螂的新陳代謝減緩，這樣才活得夠久，黃蜂幼蟲便一直有新鮮的肉可吃。測量新陳代謝速度的方法之一是計算氧氣的消耗量，所有動物（包括人類）在利用儲存的食物或脂肪產生能量時，需要消耗氧氣。科學家發現，被刺的蟑螂在氧氣消耗量上，要遠低於牠那些健康正常的同伴。科學家本來以為這是因為安於現狀的蟑螂活動減少了，不過與用藥物或是以剪除神經元方式造成麻痺的蟑螂相比，被針刺的蟑螂活得更久[13]。蟑螂活得更久的關鍵似乎是水合作用（hydration），不過毒液是怎麼辦到這點的還不清楚。可以確定的是，當幼蟲孵出來之後，已經有現成的大餐可以吃了。不久，新生的黃蜂從洞裡爬出來，只留下蟑螂的屍體。

扁頭泥蜂毒液只是這類極端神經性毒液的例子之一。同屬泥蜂這一屬的黃蜂有一百三十多種，包括最新發現的催狂泥蜂（*Ampulex dementor*），這個名字取自《哈利波特》（*Harry Potter*）系列小說中阿茲卡班監獄的獄卒催狂魔（dementor）[14]，他們會吸取靈魂。泥蜂所屬的這群黃蜂，多樣性高而且種類繁多，至少有數十萬種，牠們以強大的心智控制力量聞名，所有泥蜂的生活史都讓人不寒而慄：成蜂就如同其他的黃蜂和蜜蜂那樣吸蜜飲露，但幼蟲吃的是其他動物。牠們並非完全獨立生活，也不是完全寄生，而是類似寄生生物，所以科學家稱牠們為「擬寄生生物」（parasitoid）。

蟑螂不是泥蜂唯一的受害者，有些擬寄生黃蜂會把卵下在蜘蛛、毛蟲或螞蟻身上[15]。居住在北半球溫帶地區的水姬蜂（*Agriotypus*）會潛入水中，把卵下在石蠶幼蟲身上[16]。為了完成這件工作，她可以潛水十五分鐘。分布於歐洲和非洲的毛緣小蜂（*Lasiochalcidia*），牠們大膽無畏，能投身蟻獅如惡夢般恐怖的口中[17]，掰開上下顎，把卵產在蟻獅的喉嚨裡。甚至還有一些黃蜂屬於重擬寄生生物（hyperparasitoid），牠們寄生在其他也以寄生為生的黃蜂身上，例如分布在歐洲與亞洲的姬蜂（*Lysibia*），能聞到被擬寄生性黃蜂絨繭蜂（*Cotesia*）所寄生毛蟲的味道，然後把卵產在絨繭蜂幼蟲剛形成的蛹上[18]。有時候好幾種黃蜂會彼此寄生，就像是俄羅斯套疊娃娃那樣。

為了確保幼蟲順利蛻變為成蟲，這些黃蜂除了把寄主當成大餐之外，還得到其他好處。有一種黃蜂會把毛毛蟲宿主變成不死身，好用來保護蛹[19]，直到年輕的黃蜂咬破毛蟲的身體而出。有些種類的幼蟲在殺死蜘蛛宿主之前，會逼使蜘蛛[20]編織變形但耐用的蛛網，好保護自己的繭。

黃蜂這一科中的許多物種精擅控制心智的藝術，其他使用毒液的動物也能生產改變心智的毒素。部分物種所分泌的神經性毒素甚至可以鑽過人類的血腦障壁，這是黃蜂毒液辦不到的事。不過智人和蟑螂不同，我們對於有辦法攪亂心智的成分有奇特的興趣。蟑螂會想逃離那些扭曲腦部的成分，不過有些人願意付出高達五百美金，只為了換取一劑能造成類似體驗的毒液。

如果你在美國參加派對，往往可以看到各式各樣的非法物品，有時還會有人主動提供，這些東西從大麻到迷幻藥都有。但是濫用藥物的派對客瘋狂的程度，完全比不上一些印度狂亂的尋歡作樂者。在美國，送上一個意味深遠的微笑和數張百元鈔票，就能換來幾小包古柯鹼；不過在印度首都德里（Delhi），這樣的價格能讓你體會眼鏡蛇毒帶來的感覺。

有些人指出，這是在市場上最高價也讓人最「嗨」的東西。事實也該是如此。在印度[21]，含有一小撮乾燥蛇毒粉末的飲料（黑話叫做K－72或K－76），就要比其他同分量的非法藥物貴上五到十倍。根據地方官員的說法，這種藥物之強烈，讓使用者「嗨到不知自己身在何處、在做何事」。有人說在不造成傷害的劑量下，這種毒液能夠讓人的感覺增強，精力大增，就像是嗑了古柯鹼。由於價格高昂，所以在印度富有的年青人間特別受歡迎。

由於這種蛇毒是上流人士使用的，盜賣這種蛇毒能發一筆小財。在印度，這種蛇毒一公升要價兩千萬盧比[22]，相當於三十萬美元，不過要取得這麼多毒液得殺死兩百條蛇才行。黑市交易非常興盛，促使毒品管理當局開始和野生動物專家合作[23]，打擊非法交易[24]。這幾年來，打擊蛇毒犯罪的事件登上媒體頭條，警方抓到的嫌犯用保險套裝滿蛇毒[25]，同時起出裝滿高價液體的大型玻璃容器，總市價超過一千五百萬美元[26]。

有關當局以現代分子生物學技術確認出當作非法藥物使用的蛇毒種類，同時以販毒罪與傷害保育動物罪[27]起訴毒販。

調配好的眼鏡蛇毒液粉末價格高昂，當然不是每個想要一嚐毒素快感的人負擔得起。沒那麼有錢的人想要追求快感，可以有更直接的方式得到毒液。在印度有些城市裡，你可以花錢讓自己被蛇咬。有些供應商是個體戶，有些則隸屬「蛇窟」（snake den），這是從「鴉片窟」（opium den）來的詞。客人可以在那些髒汙的房舍中，沉溺於由蛇毒引發的麻木恍惚感幾個小時。在印度許多大城市裡，蛇窟的數量之多，已經使得社區安全亮起紅燈。一些蛇窟宣稱有各種毒蛇可供挑選，每種毒蛇分出級別，以提供輕微、中等或強烈的效果[28]。少數願意描述這種體驗的人說，蛇窟會提供各種蛇，包括眼鏡蛇、青環蛇或是其他蝙蝠蛇科的毒蛇。不論是在蛇窟或是其他場合，雖然這些蛇的毒液是作為娛樂之用，但都有致死的危險，有些甚至是惡名昭彰的毒蛇，每年都讓數千人喪命。

來看看「PKD先生」的例子。他五十二歲，使用毒品已經超過三十年了，想來「體驗其他東西無法帶來的刺激」[29]。PKD先生沒有購買高價的毒液粉末，而是每兩個星期去找到處流動的弄蛇人，以實惠的價格讓蛇在自己的手臂上咬兩口。他說蛇毒帶來的快感，一開始是暈眩和意識模糊，之後是「精神振奮，良好的感覺可以持續好幾個小時」，比起他以前用過的鴉片還要好。其他人描述的感覺也很類似：有位慣常讓蛇咬、會在貧民區尋找提供毒蛇的人，讓印度眼鏡蛇咬他的腳，好體驗「感覺良好、放鬆如睡眠般的昏迷」[30]。另一位長期使用藥物的人說，自己每星期要讓蛇咬腳趾兩、三次，如果不是因為太花錢，他希望每天都被咬[31]。另一位病人描述這種經驗說：「棒得不得了，每次被咬之後都覺得快樂安詳。」[32]

二〇一四年，在印度喀拉拉（Kerala），有個十九歲的年輕人遭到逮捕，他坦承經常旅行百來公里，只為了一解蛇癮。他最多願意花四十美元，讓一小條毒蛇的頭壓在自己的舌頭下，直到蛇咬他為止。他說這樣帶來的快感可以維持數天[33]。對有些人來說，蛇毒是能得到的唯一毒品。有兩位軟體工程師未曾使用過毒品，但因為要安定情緒和治療失眠[34]，於是尋求蛇毒的幫忙。他們也說讓蛇咬自己的嘴巴、手指和腳趾。喜歡讓蛇咬舌頭，因為「效果最快」，而且「特別興奮」[35]。有一位工程師還宣稱，蛇毒除了讓人心情變好、一夜好眠之外，還有其他的功用：他覺得自己對「性的慾望」也增加了。

你可能會想說，蛇咬造成的傷害太大，只是為了刺激而被咬並不值得。有些人的確這樣認為，被蝮蛇咬過的人通常會說咬傷非常痛，之後傷口還會持續腫痛數個星期。但有些人的毒蛇咬傷很輕微，甚至能夠好好睡覺[36]。有些被眼鏡蛇咬的人還質疑自己是不是真的有中毒，因為有時蛇會「乾咬」（有咬但是沒有注入毒液），有時症狀可能拖到半個小時之後才出現[37]。從為了好玩而讓自己中蛇毒的人所得到的資料中，沒人說自己的傷口腫脹，顯示這些毒蛇基本上沒有出血性毒素，而是具備各式各樣的神經性毒素，這是蝙蝠蛇科的特徵。有些常用來咬舌頭或是腳趾的種類，每年造成了數千人死亡。兩名工程師會去印度坦米爾納杜（Tamil Nadu）賽勒姆市（Salem）附近的蛇窟。他們說，那裡至少有六個人死亡。你會想，這麼危險的事情，風險應該壓過報償，但這就低估了毒蛇毒液中神經性毒素的效果有多驚人了。

蛇毒不會馬上就帶來快感，而比較像是喝了兩杯威士忌，要下肚一陣子後才會開始感覺到醉。在被蛇咬三十分鐘到兩個小時之後，感覺才來襲。神經性毒液發作，先是昏沉、視線模糊，接著是極樂快感。

在佛萊的回憶中，他描述了被皮爾布拉死亡棘蛇（Pilbara death adder，這個名字取得好）咬傷的結果是「最美好的感覺」。雖然神經性蛇毒讓他全身麻痺，橫膈膜無法收縮，需要人工呼吸器維持生命，但是他「並不在意」。他解釋：

> 光線明亮，色彩鮮豔，像是吃了有迷幻效果的蘑菇……神經性蛇毒現在的效果像是強烈的毒品。我覺得生命非常美好，這種感覺就像是吸了笑氣（一氧化二氮），但是好上一千倍。當我失去運動能力、接上呼吸器的時候，感覺又提升了一層，我覺得自己飄浮在世界之上，無憂無慮。真實的情況是我完全動彈不得，和外界失去了聯繫，這是最原始的恐懼。但很奇怪，我完全不在意。在這個無法動彈的軀殼中開著盛大的單人派對，我覺得完全沒有問題。時間也扭曲了，我在宇宙中飄蕩，經歷了億萬年的時間，探索遙遠的土地和星系。這是典型的心靈脫離身體體驗。K他命（ketamine）之類的解離型藥物（dissociative drug）能造成這種心靈和身體的聯繫被切開的迷幻狀態。看來某些毒素的神經毒性也可以。不過和蘑菇帶來的糟糕感覺不一樣，我希望這種感覺不要結束。[38]

佛萊很幸運，因為有完善的醫療照護，他最後活了下來。但是有許多人宣稱不需要這種瀕死經驗就能享受到毒液帶來的快感。包括路德溫在內的一些自我免疫者，都描述了在慣常注射毒液後有類似但比較輕微的效果。

就像我在第三章所描述的，自我免疫者會把稀釋的毒素注射到自己的身體，好引發身體自然的免疫反應。他們希望藉由慢慢增加毒液劑量，讓血液中對抗這些毒液的抗體能夠增加，這樣就不怕被自己養的毒蛇咬。許多人很認真地看待自我免疫這件事，會在每次注射的前、中、後分別留下紀錄，描述所發生的生理與心理反應細節。雖然他們都說是為了免疫才注射毒液，並不是為了興奮感，但有幾位自我免疫者說，毒液曾經帶來類似的快感。

路德溫注射毒液不是為了得到快感，但他也說過注射低劑量的眼鏡蛇毒後[39]，感覺變年輕了。他解釋：「眼鏡蛇毒讓你自覺充飽了電。」他也比較了古柯鹼的效果：「兩者不同，不過很類似，都會讓你覺得更活躍、體力更好。不同之處在於，注射蛇毒的隔天不會讓人心情惡劣和流鼻水。」安森．卡司塔維奇（Anson Castelvecchi）是合格護士，他也從事自我免疫。他受自我免疫疾病所苦，因此對毒液和其他可能刺激免疫系統的自然療法很有興趣。他在首次注射銅頭蝮毒液之後也有類似的感覺：良好、澄清的快感[40]。剛注射時會痛（使用最小劑量的毒液，以生理食鹽水稀釋十倍，注射到皮下），但是一小時後他覺得不可思議，身體中充滿了「巨大的能量」。他也覺得和古柯鹼相比這「更清爽」，甚至質疑是否能用「嗨」這個字來描述他的感覺，因為蛇毒的效應讓他覺得「不會造成傷害」。

雖然佛萊親身體驗過神經性毒素的迷幻效果，但是他懷疑關於使用娛樂性蛇毒的報導，特別是在俱樂部中服用毒液粉末這一點。他說，蛇毒粉末不太可能會引發什麼興奮效果，因為人類的胃能輕易地消化蛋白質，就算是那些會在血液中引發大混亂的蛋白質也一樣。所以，乾燥後的毒液放進酒精飲料中，只會被人體的消化道摧毀。事實上，很久以前人們就知道胃能分解毒液了。在羅馬內戰時期，小加圖（Cato the Younger）旗下的士兵拒絕飲用被毒蛇包圍的泉水，他們害怕水中有毒。傳說小加圖向這些士兵保證：「毒液只存在蛇的口中，牠們以毒牙送出死亡，但是杯中之水不會致死。[41]」佛萊認為，那些娛樂性「蛇毒粉末」能夠引發那些傳說的效應，其實裡面含有其他毒品；毒販把自己賣的東西稱為「眼鏡蛇毒液」，純粹是因為聽起來比較誘人而已。

毒液粉末是贗品，不過蝴蝶科學公司（Butterfly Sciences）創辦人兼首席科學家布萊恩．漢利（Brian Hanley）[42]，對於直接被毒蛇咬而得到的快感很有興趣。他開的這家公司和其他自我免疫者合作，發展蛇毒疫苗。根據那些自我免疫者的描述，漢利認為毒蛇毒液中所含的神經性毒素能作用在腦部多巴胺神經元（brain dopamine neuron），這和γ羥基丁酸（GHB）的作用類似[43]。他也想知道如果以人工飼養的方式，是否可以特別選育出毒液不會損傷組織、效果比較輕微的品種。他指出：「數千年來，印度的弄蛇人一直這樣做。」

回到美國這裡。吉姆．哈里森（Jim Harrison）經常想著毒液和毒液的效果。他在兩爬學界中是備受尊重的知名人物，也是肯德基爬行動物園（Kentucky Reptile Zoo）主任，該園生產毒蛇毒液，供製造抗毒素與科學研究使用。對於毒液，他比大部分人有經驗多了。二〇一五年初，他遭受到第九次意外蛇咬，當時他正在收取一條南美響尾蛇（South American rattlesnake）的毒液，拘束蛇的管子破了，讓蛇的頭可以自由活動，結果咬了他的手[44]。被咬九次似乎很多，但是哈里森和妻子克莉斯坦・威利（Kristen Wiley）共同經營這所動物園已經四十多年，他每個星期平均要抽取六百到一千條蛇的毒液。園中養了兩千條蛇，其中大部分都不是為了展示，而是專門用來滿足製造抗毒素的大量毒液需求。

哈里森曾被印度眼鏡蛇咬過[45]，經歷了自我免疫者和印度醫療文獻中所描述那種蛇吻造成的快感。他說：「這是眼鏡蛇造成的。」毒液一開始讓他的感受力和知覺力都增加了。他解釋：「你會覺得房間中的所有東西都在發光。你清楚的知道所有事情，包括人們的談話等等，所有事情。」

但是他不建議任何人嘗試這種會威脅生命的體驗。從事現在這份工作之前，他在大學曾和鴉片成癮者一起工作，讓他比大多數人更了解成癮者的想法，也能了解對毒液的需求。他說：「鴉片成癮者已經在為自己注射毒品了，這些毒品最後也會造成死亡。」所以危險並不重要，「他們想要再次獲得快感，於是他們願意被蛇咬或是注射毒液。」

哈里森解釋：「他們一開始會去找鴉片來用，為的就是消除痛苦。」許多證據指出，眼鏡蛇毒液中含有高效的止痛成分。二十世紀初期的實驗顯示[46]，有些病人的強烈疼痛連鴉片都無法緩解，可是使用低劑量的眼鏡蛇毒可以完全止痛。雖然人類用的眼鏡蛇毒藥物還沒上市，不過你能買到取自眼鏡蛇毒液的「眼鏡蛇毒」（cobroxin），獸醫師拿這種藥物作為馬的止痛劑[47]。哈里森說：「他們給馬用，讓馬跑得快。」這種藥物禁止在比賽中使用，不過可用於醫療。如果被毒蛇咬就像是多巴胺大量分泌、可以緩解疼痛，也難怪有許多想要嘗試其他非法東西的人很想試用蛇毒了。現在還沒有人研究毒液中神經性毒素和被蛇咬之後「快感」的直接關連。有些人質疑，哈里森和其他人等所描述的效應，和毒液中的毒素並沒有什麼關連。不過比較好的解釋是，那些化學混合物中真的有些成分具備了不起的能力：穿過血腦障壁，並且影響心智。

有些毒液中的成分真有此能力，其中研究得最多的是蜜蜂毒液中的蜂毒神經肽（apamin），它能關閉鈣離子依賴型鉀離子通道（calcium-dependent potassium channel），使得神經元比較容易激發[48]。高劑量的蜂毒神經肽會引起顫抖與抽搐，但在低劑量時會引發有趣的現象。在大鼠身上進行的實驗顯示，注入蜂毒神經肽後，大鼠的學習和認知表現有所提升[49]，這顯示它可以影響哺乳動物的心智。大多數研究指出，蜂毒神經肽能作用在前額葉裡釋放多巴胺神經元的受體上，讓這些神經元對刺激更敏感，或是對抑制訊息較不敏感[50]。換句話說，就算只是注射到身體裡，蜂毒神經肽也能通過血腦障壁刺激腦部的報償系統，這是娛樂性毒品的共同特徵。

蛇類毒液中並沒有蜂毒神經肽（至少我們不認為有）。蛇毒中大部分神經性毒素屬於比較大的蛋白質與胜肽，無法輕易通過血腦障壁——這裡的重點是「大部分」。有越來越多證據顯示，至少部分毒蛇毒液中的分子有辦法通過血腦障壁，這些分子或許可以說明那些人被咬之後為何會有快感[51]。

例如把南美響尾蛇（*Crotalus durissus terrificus*）的毒液注入小鼠身體，兩個小時後，科學家便能在小鼠腦中發現毒液[52]。已知在毒液中至少有一種化合物能增加血腦障壁的通透性，讓通常被阻擋在外的毒素進入中樞神經系統[53]。這種毒蛇毒液中還有兩種成分：眼鏡蛇毒與響尾蛇胺（crotamine），會影響中樞神經系統而有止痛效果，因此它們不是能穿過障壁，就是能在障壁之外引發止痛作用[54]。眼鏡蛇所製造的數種α-神經毒素也有類似的止痛效果，科學家至今的研究顯示，這些α-神經毒素是直接作用在中樞神經系統上[55]。科學家研究的蛇類毒液和其他動物毒液（例如蠍子）越多，就發現越多種毒液毒素能通過血腦障壁[56]。

道理其實很簡單，因為我們對於大部分毒液中的所有成分都一無所知。雖然每天都有新發現，但每項研究總是集中在一種類型的分子，像是蛋白質、胜肽、脂質或小分子。要把每一種類型的分子都分離出來並且加以定序，得要用上很多昂貴的儀器以及專門知識。在很多狀況下，科學家並沒有真的把毒液中的所有成分都鑑定出來，而只研究會引起最惡劣狀況的成分，這樣才能找出治療螫咬的方式。哈里森說：「毒液中一定有我們不了解的東西，在有人加以檢驗之前，我們不會知道那是什麼。」並不是最近發現的化合物是這五十年才演化出來，而是科學家現在才知道找出這些化合物的方法。

蘇珊・柯林斯（Suzanne Collins）的小說《飢餓遊戲》（*The Hunger Games*）中，在戰鬥區裡，有一種能致人於死的追蹤殺人蜂（tracker jacker），會攻擊飢餓遊戲的參賽者。這些黃蜂的毒液有迷幻效果，會讓中毒的參賽者發狂。在後續的小說中，這種黃蜂被當成洗腦的工具，用來改變某個心向女主角角色的心智。書中解釋這種黃蜂是經由遺傳工程技術所改造，但是沒理由說牠們無法演化出來。麥可・波倫（Michael Pollan）在《慾望植物園》（*The Botany of Desire*）一書中指出，大麻被人類當作迷幻藥是演化的結果[57]，因為那些追尋毒品的人一直在培育能帶來快感的生物，並且讓其中相關的成分越來越多。如果你折服於這個論點，那麼就應該相信追蹤殺人蜂可以經由人為篩選的方式演化出來。可能有些膜翅目昆蟲（例如具有蜂毒神經肽的種類）的確開始朝控制人類心智的道路前進，在未來等著我們。現在黃蜂只會讓昆蟲的腦中充滿多巴胺，有天我們可能會讓黃蜂對人類做同樣的事。

比能改變他人心智的黃蜂更可怕的，當然只有能改變他人心智的人類了。你能信賴用毒素增進快樂的政府嗎？更別說製造這種毒素的政府了！但是盲目地恐懼毒液中未知的神經性毒素，會讓人忽略其中無窮的潛力。毒液中的毒素有的只會針對某一物種中的離子通道作用，因此可以當殺蟲劑用。這些毒素能關閉適當的神經元，又不會影響其他神經元的活動，可作為有效的止痛劑，不會產生依賴與成癮性。從這些毒素所發展出來的藥物，可以治療與治癒那些難以處理的疾病，包括神經退化性疾病和癌症。專一性是藥物最重要的性質，這些毒液毒素所具備的超高度專一性，讓我們可能以夢寐以求的方式控制身體。在下一章中，我將討論這些科學家正在進行的工作。

數千年來，我們誹謗分泌毒液的動物也尊崇牠們，牠們有著各種毒素的毒液讓我們既恐懼又著迷，現在我們可以開始了解這些強大的動物能對人類做出什麼貢獻。牠們毒液中的毒素在數百萬年演化過程中經過了仔細的調整，能夠當成專一性極高的藥物造福人類，而非對付人類的武器。那些地球上毒性最劇的動物，一咬一刺都可以致人於死。我們現在可以改變局勢，分析牠們製造的毒液，找出隱藏其中的救命化合物。對於這些動物的生物化學知識我們才知道一小部分而已，而這便足以讓我們對毒液全面改觀。

第九章

致命的救星

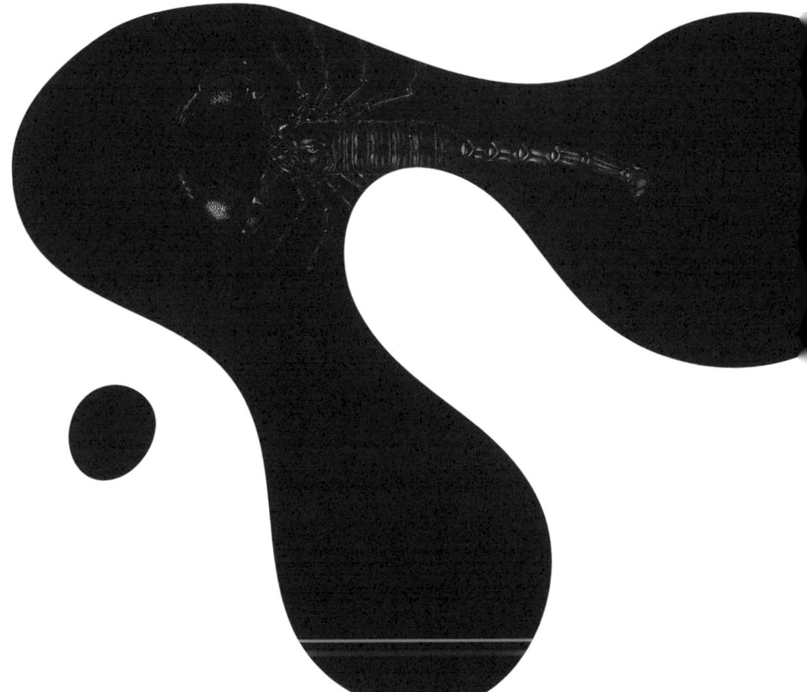

讓我們從死亡之吻中學習保護生命的方式[1]。

——菲力克斯・阿德勒 FELIX ADLER

人類一開始就無法拒絕分泌毒液動物的吸引，是因為牠們會帶來死亡。沒有四肢的蛇類或是脆弱的蜘蛛，能夠強壓力量大又有智慧的靈長類，實在是太荒謬也太嚇人了，人類這種好奇的動物禁不住接近研究。這種致死的威力值得受到人類的尊敬，我們也給予那些強烈凸顯自己具備致命毒液的動物應得的榮耀。如今，由於毒液具有操控生死的能力，讓分泌毒液的動物與人類的命運永遠糾結在一起了。

說到死亡，分泌毒液的動物還遠遠不及這個世界上真正的大規模屠殺凶手。心血管疾病、糖尿病、癌症和急性呼吸道疾病每年殺死的人數，超過其他致死原因的總和[2]。這些拖垮健康的沉重疾病不只是年紀增長的結果，也是五十歲以下人口死亡的主要原因[3]，許多都無法治癒，例如惡名昭彰的愛滋病和某些癌症。如果我們偶爾被毒蛇咬了，當然希望能得到有效的抗毒素，好降低世界各地意外死亡的人數，但我們也需要解決致死疾病的方法。現在科學家終於了解在致死的毒液中，有著醫學奇蹟等待被發現。這可能有些違背直覺，但這些毒液中的分子改變身體的手段，其實和我們想要治療疾病的方式是一樣的。在適當的劑量之下，科學家能把劇烈的毒素轉變成神奇的藥物，例如約翰．恩格（John Eng）在惡名昭彰的蜥蜴毒液中發現了「降爾糖」（Byetta）。

恩格在一九九〇年代初期，第一次訂購美國毒蜥（Gila monster）的毒液時，並沒有見過這種動物[4]。大部分人比較喜歡這樣取得毒液，因為這種近六十公分長的蜥蜴在原生地美國西南方的沙漠地區受人懼怕。牠英文名的意思是「希拉怪獸」，相當貼切，這種蜥蜴當初在希拉河（Gila river）盆地非常多，最早也是在那兒發現的。不叫「蜥蜴」而有「怪獸」之名，是因為那些從希拉河傳出來的故事，就算最勇敢的人聽了也會害怕。

一八九八年，《鹽湖城論壇報》（*The Salt Lake Tribune*）上[5]有一篇〈可怕的希拉怪獸〉文章，一開頭便是：「作者沒有親眼見過被希拉怪獸咬過的受害著，可是聽過許多可怕的故事，並且親眼見過牠。作者完全相信這種蜥蜴的毒牙，要比菱背響尾蛇（diamond-back rattler）或可怕的西印度粗鱗矛頭蝮要厲害多了。」文章接著描述有些人深信這種蜥蜴「光是對人呼氣就能致人於死，就像是用咬的一樣」，還有「皮膚能夠滲出殺人毒藥」。作者懷疑這些說法，但是他說：「不論如何，被希拉怪獸咬了有時會造成死亡，這是毫無疑問的。」

在這種蜥蜴出沒的亞利桑納州（Arizona）、新墨西哥州（New Mexico）和其他各州，類似的故事一再流傳，甚至美國移民也相信，西南地區的美國原住民害怕被這種蜥蜴咬。有個新聞記者說：「西南部的皮馬（Pima）、阿帕契（Apache）、馬瑞科帕（Maricopah）、尤馬（Yuma）等印地安人，幾乎不怕墨西哥蜈蚣或是響尾蛇……而認為（希拉怪獸）是所有爬蟲類中最可怕的[6]。」在這個地區的民間傳說中，希拉怪獸非常頑強，只要張嘴咬住之後就不會鬆口，「直到山上的神靈發出雷聲，但可能要等上一整個夏天」。《舊金山呼聲報》（*The San Francisco Call*）的一篇文章中提到，數個故事都指出希拉怪獸有這樣的行為：「眾所皆知……想要讓希拉怪獸鬆口的努力，是完全徒勞無功的[7]。」文章中還有美國陸軍上尉路易斯（B. E. Lewis）的證言，宣稱自己親眼目睹希拉怪獸光靠吐氣就能痛下殺手。他說他有條狗在後院發現一條希拉怪獸。「我看到希拉怪獸衝到狗面前，滋滋吐舌噴氣到狗的臉上……兩個小時後狗便死了。我和其他幾個人仔細檢查了狗的屍體，沒發現任何咬傷。我確信希拉怪獸的吐舌或是噴氣中有什麼東西殺死了這條狗。」

希拉怪獸的雙顎如鉗子般有力，並且能噴出致命毒氣，或是有辦法輕易致人於死。如果你覺得這些故事難以置信，那就對了。沒有人知道為何在美國西部這種蜥蜴會蒙上如此惡名，牠們現在屬於瀕危的動物，平常害羞而且行動緩慢，白天偏好躲在溼冷的地下洞穴中。牠的毒液也沒那麼致命，十九世紀的報紙雖然說得好像很可怕，但是從來沒有被希拉怪獸毒死的報導有經過證實。如果和其他分泌毒液的動物相比，希拉怪獸對人類幾乎無害，比起那些知名的殺手級動物，牠的毒性連百分之一都不到[8]。希拉怪獸的毒液可以引發劇烈的疼痛，但不會輕易讓人死亡。現在我們更了解這種動物了：恩格發現牠們的毒液中含有可以拯救性命的化合物艾塞丁素（exendin），這種藥物改革了治療

一八九八年《舊金山呼聲報》的文章插圖，
編造出聳人聽聞的「致死」希拉怪獸故事。

糖尿病的方式。

恩格不是「兩爬控」，他並不了解這種毒蜥，也不知道牠的惡名，只是把握機會訂購了毒素。他是美國紐約布朗克斯榮民醫學中心（Veterans Affairs Medical Center in the Bronx）的內分泌學家，當時他剛發展出新的方式能確定未知的激素對人類的醫學效用，當然躍躍欲試。這時他讀到美國國家衛生研究院（National Institutes of Health）的研究人員發現，蜥蜴毒液中的激素讓實驗動物的胰臟增大（意味著毒素中的化合物可能刺激胰臟製造更多胰島素和其他重要的激素）。他的方法可以用來找出毒素中的激素，並且加以定序，他也的確找出了一種前人從來都不知道的胜肽激素[9]，命名為艾塞丁素，代表這是外分泌物質（唾液便是外分泌物），而激素屬於內分泌物。

對於這種美國毒蜥毒液中的化合物，恩格製造了一個人工合成[10]的版本，取名為艾塞丁素-4，然後賣給禮來藥廠（Eli Lilly），發展出來的藥物便是降爾糖，在二〇〇六年進入美國市場，直到有其他競爭者分食市場之前，銷售額高達數十億美元，原因顯而易見。約翰．道森牧師（Rev. John L. Dodson）是首批使用這種新藥的病人之一，他告訴《紐約時報》（*The New York Times*）[11]：「我的生命本來充滿絕望，但現在充滿了希望。」降爾糖的分子是合成的，名為艾塞那肽（exenatide），以便與從蜥蜴口中取得的天然分子區分。它能模擬類升糖素胜肽-1（glucagon-like peptide 1, GLP-1）這種激素的功能，促進消化作用和胰島素的分泌。不過這種胜肽只會在血糖高時刺激胰島素釋放，所以和一般注射的胰島素不同，不會因為胰島素過多造成低血糖狀況或是胰島素昏迷。更重要的是，人體製造的GLP－1在幾分鐘之內便會分解（還沒發揮作用之前就消失了，難以成為藥物），可是艾塞那肽可以存在數個小時。

降爾糖只是開始而已，它的成功點燃了其他製藥公司的嫉妒之火，競爭開始了。諾和諾德公司（Novo Nordisk）發展出類似的產品胰妥善（Victoza，分子名利拉魯肽〔liraglutide〕），在二〇一〇年得到美國食品與藥物管理局許可。這種功能與降爾糖相同的藥物一上市便大受歡迎，光二〇一一年[12]就為諾和諾德賺了超過十億美元。長效型降爾糖「穩爾糖」（Bydureon）在二〇一二年由禮來藥廠與艾梅琳製藥（Amylin Pharmaceuticals）共同推出，從原來的每日注射改為每週注射。後來兩家公司發生爭執，禮來藥廠退出合作，把藥品的權利賣給艾梅琳製藥，艾梅琳製藥又被製藥界巨擘必治妥－施貴寶（Bristol-Myers Squibb）和阿斯特捷利康（AstraZeneca）聯手買下，後者現在擁有降爾糖與穩爾糖全部的權利[13]。丹麥的西蘭製藥（Zealand Pharma）找到了Lyxumia（分子名lixisenatide[①]），授權給賽諾菲（Sanofi）發展成藥物，二〇一三年上市。很快在二〇一四年，葛蘭素史克（GlaxoSmithKline's）的Tanzeum（分子名albiglutide）與禮來藥廠的Trulicity（分子名dulaglutide）接連上市。現在有許多醫師開立這些類似的藥物用以治療糖尿病，如果沒有美國毒蜥，這些藥物都不會出現。

科學家進一步研究艾塞丁素-4，發現這種胜肽可能不像我們之前認為的那樣，只是一種「神奇藥物」。美國老化研究所（National Institute on Aging）的科學家在一九九〇年代協助進行艾塞丁素-4的前臨床測試時[14]，注意到它不只作用在胰臟上，也會刺激神經元的生長，同時避免成熟神經元死亡。因為有這些初步發現，老化研究所在二〇一〇年展開人體試驗[15]，讓處於初期阿茲海默症（Alzheimer's Disease）的患者以及輕微認知障礙者每天注射艾塞丁素-4，測試這種來自美國毒蜥的胜肽是否能預防神經退化疾病，這個計畫預定於二〇一六年完成。如果成功，對於全世界人類的健康將會有巨大的影響。②國際失智症協會（Alzheimer's Disease International）估計，全世界在失智症（許多由阿茲海默症引起）上的花費高達八千億美元，估計到了二〇三〇年會提高到兩兆美元[16]。如果實驗結果是正面的，那麼降爾糖除了糖尿病之外，或許還能用來治療神經退化疾病，讓潛在市場大增。

① 國內尚未核准上市，沒有正式的中文名稱。

② 根據美國老化研究所的網站訊息，實驗已經完成，主持人將發展第一期臨床測試。http://grantome.com/grant/NIH/ZIA-AG000975-08。

降爾糖發展的過程，和卡托普利非常類似。卡托普利是製藥界最成功的藥物，一九八一年獲得美國食品與藥物管理局核准上市。卡托普利是巴西蝮蛇毒液成分的衍生物，能關閉血管收縮途徑中一個重要的步驟。另外還有兩種從蛇毒衍生出的藥物：應治凝（Integrilin）和雅瑞（Aggrastat），都是利用了出血性蛇毒的成分製成的抗凝血劑。目前市場上有六種從毒液中研發出來的藥物，這是偶然研究毒液中成分是否能當作藥物的成果。

澳洲昆士蘭大學的金恩說：「我認為這幾種已經發展出來的藥物所具備的潛力，要比你想得還大[17]。」金恩起先研究結構生物學，用的是核磁共振這類複雜的工具。核磁共振的原理是觀測原子的磁力特性，以便找出分子的形狀與組成方式。有一天，他的朋友找他幫忙解開在澳洲漏斗網蜘蛛毒液中所發現胜肽的結構，金恩很有興趣，就拿了一些毒液樣本來，其中含有的成分之多，讓他大為震撼。「我想這絕對是沒有人在研究的藥物金礦。」之後他就開始研究毒液，找尋其中有用的分子，用途從殺蟲劑到藥物，無所不包。他是目前世界上頂尖的毒液製藥學專家，目前正在編輯一本相關的書[18]。

他解釋：「在一九八〇和九〇年代，人們不會說：『我們應該把毒液當成開發新藥的資源。』」那時候是有重要的發現，但並沒有全面篩檢毒液中可能作為藥品的成分。「大多是意外的發現。」到了二〇〇〇年代，一切都改觀了。科學家開始以不同的眼光看待毒液。「人們開始說：『其中真的含有許多複雜的分子，我們應該從中篩選針對醫療目標作用的分子，好拿來當成藥物。』」

人類從很久以前就思考過這個概念，其中最古老的毒液療法是蜂療（apitherapy），希臘、中國和埃及的古代文明都利用過蜜蜂毒液做為藥物。最早的蜂療文字紀錄之一，可以回溯到西元二世紀的「實驗生理學之父」蓋倫，他說以壓碎的死蜜蜂混合蜂蜜塗抹，可以治療禿頭[19]。據說八世紀的法國國王查里曼（Charlemagne）用蜂毒治療痛風[20]、俄國著名的沙皇恐怖伊凡（Ivan the Terrible，一五三〇－一五八四年）用蜂毒治療多發性關節炎。蛇毒也常與醫療有關，特別是在古希臘，由於經常使用，因此兩條蛇纏繞一根有雙翅的手杖組成的標誌（代表希臘諸神中的赫密斯〔Hermes〕），後來成為醫學的標誌。印度的古籍《阿育吠陀》（*Ayurveda*）常有蛇毒藥用的記載[21]，印度人會用針尖把毒液送進人體（這種技術稱為suchikavoron），或是用在解毒過程（稱為shodhono）之後。朋土斯的密特里達提六世有「毒藥之王」的稱號（他原本有望成為最著名的毒素學家），他在戰場上曾經受過致命的創傷，後來利用草原蝰（steppe viper）毒液的凝血特性止血保住了性命[22]。他在與羅馬的戰爭中得到了會弄蛇的西賽雅（Scythian）巫師，為他進行這種治療。

這些歷史中的記載，大多是古人在好奇之下的嘗試所得，他們並不曉得人體的運作方式。這些療法充其量只能歸類為民俗醫學，通常和其他可疑的古代醫療方式（例如放血和環鑽術〔在頭顱上鑿個洞好讓惡靈跑出來〕）被擱在一邊。

但是到了十九世紀末，有些醫師和科學家開始了解到早年研究毒液者的確發現了些什麼，醫學界重新開始研究毒液在醫療上的應用。首先帶領潮流的是離經叛道的順勢療法（homeopath），在約翰・亨利・克拉克（John Henry Clarke）編撰的《實用藥物辭典》（*A Dictionary of Practical Materia Medica*）中，記錄了數種毒液適用的多種狀況。其中最著名的例子是他推薦用眼鏡蛇毒液治療疼痛[23]，到了二十世紀上半葉，有醫師採用這個建議對人體進行實驗[24]。低劑量的眼鏡蛇毒可以緩解某些受試者難以治療的疼痛，但是對有些人效果不佳。

當代其他的毒液測試都順利進行，除此之外，最近的研究發現，蜜蜂針刺能改善多發性硬化症的症狀[25]。在動物實驗中，有更多的毒液看來充滿希望，例如用蛇毒治療關節炎[26]，只是還沒有在人體測試。接著有許多來自哈斯特等自我免疫者的主張，聲稱注射低劑量蛇毒有益整體健康，但是這個論點尚未得到證實。

除此之外，有幾個病例是醫師無法治療、但是靠毒液痊癒的。其中我聽過最不可思議的是艾莉・洛貝爾（Ellie Lobel）的故事。她得了萊姆病，已經奄奄一息，後來她遭到一群非洲化蜜蜂（Africanized bee）的猛烈攻擊。

萊姆病是由一種螺旋狀的細菌所造成，受到人稱鹿蜱的黑腳蜱（black-legged tick）叮咬，便可能會感染這種病（蜱也會分泌毒液）。如果早期發現，使用抗生素就能治療得好，但是有些人遭遇不明的原因無法痊癒，而且產生了神經退化症狀。洛貝爾是具有物理背景的聰明科學家，感染後便失去行動能力[27]，也沒有辦法清楚思考，更無法過一般人的生活。她嘗試了各種療法，看過多個醫師、換過數種治療方式，萊姆病還是一再復發。最後她放棄了，搬到加州想要等死，到了那裡才幾天，散步時遭到一群蜜蜂攻擊。洛貝爾小時候對蜜蜂針刺過敏，會出現致命的過敏反應，因此她想這就是終點了。那時她對朋友說：「是上帝要我悲慘的日子提早結束。」所以她拒絕治療。之後幾天她受到劇烈痛苦的折磨，但是沒有死去。三年後她告訴我，疼痛居然逐漸消失，那時她了解到未來還有一絲希望：「我想，過了那麼多年，我現在的思路變得清晰了。」

就洛貝爾這個例子，不太好說是蜜蜂救了她，但這樣的想法絕非瘋狂。她後來很快就發現，蜜蜂毒液中最多的成分蜂毒肽是一種強效抗生素[28]，劑量高的時候能在細菌細胞上穿孔，讓細菌死亡。其他抗生素難以滅絕造成萊姆病的棘手細菌，蜂毒肽卻能輕鬆解決[29]。在正確的位置使用足夠的蜂毒肽，就有可能消滅讓洛貝爾生病的邪惡螺旋菌。也有證據指出，蜜蜂和黃蜂的毒液中含有逆轉神經退化與減少發炎的成分，這兩種剛好就是折磨慢性萊姆病患者最深的症狀[30]。洛貝爾不只相信蜜蜂毒液讓她重拾往日生活，還認為蜜蜂毒液與蜂毒肽是值得進一步研究的對象。她現在經營化妝品公司，販售含有毒液的面霜和化妝水。她會捐出一些毒液，用於從蜜蜂毒液找尋藥品的尖端研究。

從早期開始研究毒液療法以來，我們對毒液的了解越來越深入：不只了解製造毒液的生物以及牠們製造毒液的方式，也包括了毒液的演化過程和作用的機制，還有製造毒素的無數相關細節與過程。強烈的毒液中混合了許多不同的分子，每種都有獨特的作用標的，它們使毒液成為豐富的藥物來源。

最一開始科學家只研究能產生大量毒液的動物，例如蛇以及產量稍少的蠍子和蜘蛛。這種選擇其來有自。數十年前，需要許多材料才能進行分子實驗。金恩說：「近十年狀況大有進步。現在我們可以從非常微量的毒液中篩選分子，之前是辦不到的。」但讓他更加印象深刻的是遺傳學領域的進展，打開了發現的大門。他說：「現在我們不需要純化毒液，而是研究這些動物的基因體，找出毒素，這讓研究徹底改變。」

更特別的是，毒素有可能治療一些藥石罔效的疾病。墨爾本大學澳洲毒液研究小組前組長溫克爾[31]說：「對於中風、阿茲海默症、痴呆症、退化性神經疾病或是疼痛等，都沒有效果良好的藥物。這些化學工程師的小小工廠能製造非常多種化合物，有些可能阻斷各種生化途徑，或是促進某些途徑。」

當然，要把毒素轉變成藥物並不簡單。金恩說，得花數年甚至數十年時間，才能把新發現的成果推到市場上。他指出：「期間很多事情都會出狀況。要純化一開始所研究的物質，然後花工夫了解這種分子的結構與活性之間的關連，好發展出效果最佳的版本。接著在齧齒動物身上測試，你得做動物實驗證明這種分子有效，到這裡製藥公司才有可能對你說：『好，我們願意出錢進行臨床試驗。』臨床試驗則要花三到五年才會完成。」這個預備要作為藥物的分子，得成功通過以上種種環節，才能抵達終點、面對主管機關：美國食品與藥物管理局或歐洲藥物管理局，等到他們在核准執照上蓋章後，藥物才能上市。絕大部分狀況下，候選的藥物都無法抵達終點，可能是副作用太多、製造成本太高、結構太複雜而難以合成，或是在早期試驗階段的效果沒有好到能吸引初期投資（約數千萬美元），讓藥物通過三階段的臨床試驗。

雖然困難重重，科學家仍持續發現深具潛力的藥物。大略看一下這幾年關於毒液的新聞標題，就會見到在治療各種疾病上都大有進展。你想到的某一類疾病，可能都有一種從毒液研發而來的藥物正在試驗療效。海葵毒液能對付自體免疫疾病[32]，狼蛛毒液用來治療肌營養性萎縮症（muscular dystrophy）[33]，蜈蚣毒液可以消除頑劣的劇痛[34]。

癌症當然也在毒液的治療範圍。在蜜蜂[35]、蛇類、芋螺、蠍子[36]和哺乳動物[37]的毒液中，隱藏深具潛力的癌症藥物。有一種來自鼩鼱的分子[38]（有個不優雅的名字：SOR-C13）在二〇一五年展開第一期臨床實驗，往市場邁進了一步（有些鼩鼱的確會分泌毒液，牠們製造的劇毒經由牙齒的溝槽輸送，用來制伏獵物）。另外來自蠍子的BLZ-100已經開始進行第一期試驗，它是一種「癌症染料」，能用來標示腫瘤，有助於動手術時完全切除。醫師希望這種染料能在為兒童進行腦部腫瘤手術時使用[39]。

有些致命感染的對手，就藏在毒液中。科學家最近發現蜜蜂毒液中的一種主要成分，能攻擊人類免疫缺乏病毒（ＨＩＶ）[40]，這種病毒每年殺死了一百五十萬人[41]。現在科學家正在修改包裝這種成分的方式，希望藉以治療這種目前束手無策的全球性感染。在毒蛇毒液中的一些化合物，具備了對抗瘧疾的活性[42]，現代醫學界依然在苦苦對抗這種寄生蟲。如果這些發現都可以轉換成藥物，那麼每年可能挽救五億人的性命，並且減少許多人的病痛[43]。

毒液也有辦法緩解非致命的疾病。有勃起障礙？巴西流浪蜘蛛（Brazilian wandering

spider）的毒液中有一種化合物可以讓你重振雄風[44]。有魚尾紋？蜜蜂毒液的效果可能比肉毒桿菌素還要好[45]。黑寡婦蜘蛛的毒液裡，甚至有一種可以當作殺精劑的成分[46]。想想雌性黑寡婦蜘蛛在流行文化中的形象，有這樣的成分似乎很匹配（如果妳在性愛後會把愛人吃掉，的確會出名）。

金恩現正從蜈蚣毒液中尋找止痛藥和治療癲癇的用藥，以及其他數種可能的藥物。他解釋：「我們研究節肢動物的毒液，也就是蜘蛛、蠍子和蜈蚣等，因為牠們的毒液都是神經性毒，裡面滿是各種調節離子通道的分子，正是我們追尋的藥物。」

如果要對付其他疾病，例如心臟病或血液疾病，就得找節肢動物以外的種類了。金恩說：「如果要找心血管疾病藥物，那麼蜘蛛可能完全派不上用場。牠們的毒液不是設計來控制昆蟲的心血管系統，因為昆蟲跟本沒有心血管系統——牠們的循環系統是開放式的。」

他說：「你必須配合疾病，仔細挑選毒液。」有各式各樣分泌毒液的物種可以挑選，毒液的潛力可說是無盡無窮。毒液演化出的多樣性極為豐富，不只是單一種動物中有許多化合物，相近的物種所用的化合物也有些微的改動，再加上生命之樹擁有各個能夠分泌毒液的分支類群，每個類群都有自己獨特的配方。

不過，人類的特殊天分之一是把所有資源消耗殆盡。溫克爾說：「我們得照顧這些毒液的多樣性。那些生物是經過無數歲月才演化出來，我們卻很容易想都沒想就把牠們滅絕殆盡。」

有些動物甚至尚未被發現，牠們居住在人類尚未探索到的陸地與海洋中，在我們未知的世界中掙扎求生。雖然還沒能親眼看到或是直接接觸牠們，但是我們的日常活動已經對牠們造成衝擊。從人類的城市滲流而出的汙染物讓牠們的水源充滿毒素。人類製造的垃圾堆在牠們棲息的環境中，數不清的塑膠碎片讓牠們無處可逃。人類隨意地改變這個星球，沒有停下來想想對氣候造成的衝擊是無法恢復的。我們摧毀了這些動物的家園，在我們還沒有機會與牠們相見之前，牠們便永遠消失了。

還有一些事情，我們明明知道卻假裝不記得。每年都有殘酷成性的人圍獵數萬條響尾蛇[47]，好取用牠們的皮肉，滿足施虐的快感。懶猴水汪汪的大眼睛無法動搖盜獵者的鐵石心腸，他們捕捉唯一會分泌毒液的靈長類，只為了把牠們當寵物、當道具、當材料[48]。人類的遠祖敬畏蛇類、蜘蛛和蠍子，現在我們把牠們當成造成生活不便的入侵者，以維護安全的名義把牠們從棲地中滅絕殆盡。在地球有生命存在的三十到四十億年歷史[49]中，人類正以最快的速度滅絕物種。在幾千年的時間裡，死於人類之手的生物數量就會超過火山爆發、冰河時期，或是其他災難事件。

地球上，每個物種都有自己的故事，就像是一本演化的小說，其中包含了代代累積下來的知識。讓這些物種消失，就好像重大放火燒掉地球上的每座圖書館。我們想要追索的資訊、那些了解生命本質的重要關鍵，都在其中。蛇類、蜘蛛、蠍子、蜜蜂、黃蜂、螞蟻、水母、魚類、海膽與章魚，以及長相怪異的鴨嘴獸，都是無數年來嘗試錯誤後的產物，我們不能期待自己能創造得出來。如果我們不能保留這個星球上無比的多樣性，以此保護生化財富（biochemical riches），那麼一切都將消失。

這些分泌毒液的動物全都是美麗而且奇特的，我們應該保育牠們，而且也辦得到。我們能保護和必須保護的原因，在於牠們是生態系統的一部分，是維持生態系正常運作的重要零件，如果消失了，生態系將會崩毀。保護分泌毒液動物的最迫切原因在於，牠們經由演化而產生的毒素，讓牠們比人類更了解人類的身體。我們如果想要學習這些動物所傳授關於人類的知識、關於生命的知識，唯一的方式就是讓牠們好好活著。

註解

第一章　生理機能的巔峰（Masters of Physiology）

1 *"Venoms are not accidents"*: Roger A. Caras, "Venomous Animals of the World" (Englewood, NJ: Prentice Hall Trade, 1974), xiii.
2 *"doubt the testimony of my own eyes"*: George Shaw, "*Platypus anatinus*: The Duck-Billed Platypus," *The Naturalist's Miscellany*, vol. 10 (London: F. P. Nodder and Co., 1799), 118.
3 *recognized species of mammals*: Don E. Wilson and DeeAnn M. Reeder, eds., *Mammal Species of the World: A Taxonomic and Geographic Reference*, 3rd ed. (Baltimore: Johns Hopkins University Press, 2005).
4 *a third subcategory of toxic*: David R. Nelsen et al., "Poisons, toxungens, and venoms: Redefining and classifying toxic biological secretions and the organisms that employ them," *Biological Reviews* 89, no. 2 (2014): 450–65.
5 *30 milligrams of morphine*: P. J. Fenner et al., "Platypus envenomation—a painful learning experience," *The Medical Journal of Australia* 157 (1992): 829–32.
6 *expressed in the platypus venom gland*: Camilla M. Whittington et al., "Novel venom gene discover y in the plat ypus," *Genome Biology* 11, no. 9 (2010): R95.
7 *sea snakes switched to eating eggs*: Min Li et al., "Eggs-only diet: Its implica- tions for the toxin profile changes and ecology of the marbled sea snake (*Aipysurus eydouxii*)," *Journal of Molecular Evolution* 60, no. 1 (2005): 81–89.
8 *Mithridates VI of Pontus*: Adrienne Mayor, *The Poison King: The Life and Legend of Mithradates, Rome's Deadliest Enemy* (Princeton, NJ: Princeton University Press, 2011); A. Mayor, "Mithridates of Pontus and His Universal Antidote," in *History of Toxicology and Environmental Health: Toxicology in Antiquity*, vol. 1, ed. Philip Wexler (Waltham, MA: Academic Press / Elsevier, 2014), 28.
9 *Nicander (roughly 185–135 B.C.)*: *Nicander: The Poems and Poetical Fragments*, ed. and trans. A.S.F. Gow and A. F. Schofield (Cambridge, U.K.: Cam- bridge University Press, 1953).

10 *Galen (A.D. 131–201)*: Chauncey D. Leake, "Development of knowledge about venoms," in *Venomous Animals and Their Venoms*, vol. I: *Venomous Vertebrates*, ed. Wolfgang Bücherl, Eleanor E. Buckley, and Venancio Deulofeu (New York: Academic Press, 1968), 1.
11 *Francesco Redi (1621?–1697)*: Leake, 8.
12 *the first documented sting was in 1816*: "XXXVI. Extracts from the Minute- Book of the Society. Mar. 18, 1817. Read an Extract of a Letter addressed to the Secretary from Sir John Jamison, F.L.S., dated at Regentville, New South Wales, September 10, 1816," *Transactions of the Linnean Society of London* 12, no. 2 (1818): 584–85.
13 *"lieu dans les serpens venimeux"*: M. H. de Blainville, "Observations sur l'organe appelé Ergot dans l'ornithorinque," *Journal de Physique, de Chimie, d'Histoire Naturelle et des Arts* 84 (1817): 318–20.
14 *"which the spur is conjoined to"*: Anonymous, letter to the editor, *The Sydney Gazette and New South Wales Advertiser*, December 4, 1823, p. 4.
15 *"I should not fear a scratch from one"*: T. A xford, "Notice regarding the Ornithorhynchus," *Edinburgh New Philosophical Journal* 6 (1829): 399– 400.
16 *"ignorance of practical natural history"*: Arthur Nicols, *Zoological Notes: On the Structure, Affinities, Habits, and Mental Faculties of Wild and Domestic Animals* (London: L. Upcott Gill, 1883), 122.
17 *Albert Calmette (a protégé of Louis Pasteur)*: Barbara J. Hawgood, "Doctor Albert Calmette 1863–1933: Founder of antivenomous serotherapy and of antituberculous BCG vaccination," *Toxicon* 37, no. 9 (1999): 1241–58.
18 *"Is the platypus venomous?"*: "Poisoned Wounds produced by the Duck- mole (Platypus)," *British Medical Journal* (June 16, 1894): 1332.
19 *first experiment on a live animal*: C. J. Martin and Frank Tidswell, "Observa- tions on the femoral gland of Ornithorhynchus and its secretion; together with an exper imental enquir y concerning its supposed toxic action," *Proceedings of the Linnean Society of New South Wales* 9 (1895): 471–500.
20 *"feebly toxic viperine venom"*: C. H. Kellaway and D. H. Le Messurier, "The venom of the platypus (*Ornithorhynchus anatinus*)," *Australian Journal of Experimental Biological and Medical Sciences* 13 (1935): 205–21.
21 *could extract only 100 microliters*: Camilla M. Whittington et al., "Under- standing and utilising mammalian venom via a platypus venom transcrip- tome," *Journal of Proteomics* 72, no. 2 (2009): 155–64.
22 *picked up where Temple-Smith left off*: G. De Plater, R. L. Martin, and P. J. Milburn, "A pharmacological and biochemical investigation of the venom from the plat ypus (*Ornithorhynchus anatinus*)," *Toxicon* 33, no. 2 (1995): 157– 69.

第二章　從死亡中誕生（Death Becomes Them）

1 *Angel Yanagihara stepped into the water*: Angel Yanagihara, e-mail exchanges, December 12, 2012–November 19, 2015.
2 *more than 600 million years ago*: Douglas H. Erwin et al., "The Cambrian conundrum: Early divergence and later ecological success in the early history of animals," *Science* 334 (2011): 1091–97.
3 *deadly venom in less than a second*: T. Holstein and P. Tardent, "An ultrahigh- speed analysis of exocytosis: Nematocyst discharge," *Science* 223 (1984): 830–33.
4 *punches holes in the membranes of cells*: Angel Yanagihara and Ralph V. Shohet, "Cubozoan venom-induced cardiovascular collapse is caused by hyperkalemia and prevented by zinc gluconate in mice," *PLoS ONE* 7, no. 12 (2012): e51368, Figure 4.
5 *to leak potassium and then hemoglobin*: Yanagihara and Shohet.
6 *snake-like proteins and spidery enzymes*: Mahdokht Jouiaei et al., "Firing the sting: Chemically induced discharge of cnidae reveals novel proteins and peptides from box jellyfish (*Chironex fleckeri*) venom," *Toxins* 7, no. 3 (2015): 936–50.
7 *"the most venomous animal"*: "Jellyfish Gone Wild," National Science Foundation, www.nsf.gov/news/special_reports/jellyfish/textonly/locations_australia.jsp.
8 *Water has an* LD_{50}: Val Tech Diagnostics, Inc., "Water: Safety Data Sheet," November 15, 2013, revised September 12, 2014, 4.
9 *1* nanogram *per kilogram*: B. Zane Horowitz, "Botulinum toxin," *Critical Care Clinics* 21, no. 4 (2005): 825–39.
10 *the coastal taipan is the deadliest*: Gross and Gross, 91.
11 Chironex fleckeri *0.011 (i.v.)*: Gary J. Calton and Joseph W. Burnett, "Partial purification of *Chironex fleckeri* (sea wasp) venom by immunochromato- graphy with antivenom," *Toxicon* 24, no. 4 (1986): 416–20.
12 Latrodectus mactans *0.90 (s.c.)*: Frank F. S. Daly et al., "Neutralization of *Latrodectus mactans* and *L. hesperus* venom by redback spider (*L. hasseltii*) antivenom," *Journal of Toxicology: Clinical Toxicology* 39, no. 2 (2001): 119–23.
13 Androctonus crassicauda *0.08 (i.v.)–0.40 (s.c.)*: F. Hassan, "Production of scorpion antivenin," in *Handbook of Natural Toxins*, vol. 2: *Insect Poisons, Allergens, and Other Invertebrate Venoms*, ed. Anthony T. Tu. (New York and Basel: Marcel Dekker, 1984), 577–605.
14 Otostigmus scabricauda *0.6 (i.v.)*: National Institute for Occupational Safety and Health, Registry of Toxic Effects of Chemical Substances (RTECS), December 3, 1998.
15 Lonomia obliqua *9.5 (i.v.)*: 0.19 mg of *Lonomia* bristle extract per 18–20g mouse, A. C. Rocha-Campos et al., "Specific heterologous $F(ab')_2$ anti-bodies revert blood incoagulability resulting from envenoming by *Lono-mia obliqua* caterpillars," *The American Journal of Tropical Medicine and Hygiene* 64 (2001): 283–89.
16 Pogonomyrmex maricopa *0.10 (i.p.)–0.12 (i.v.)*: Patricia J. Schmidt, Wade C.

Sherbrooke, and Justin O. Schmidt, "The detoxification of ant (*Pogono- myrmex*) venom by a blood factor in horned lizards (*Phrynosoma*)," *Copeia* no. 3 (1989): 603–607; J. O. Schmidt, "Hymenopteran venoms: Striving towards the ultimate defense against vertebrates," in *Insect Defenses: Adap- tive Mechanisms and Strategies of Prey and Predators*, ed. David L. Evans and J. O. Schmidt. (Albany, NY: SUNY Press, 1990), 387–419.

17 Conus geographus *0.001–0.03*: Shigeo Yoshiba, "An estimation of the most dangerous species of cone shell, *Conus (Gastridium) geographus* Linne, 1758, venom's lethal dose in humans," *Japanese Journal of Hygiene* 39 (1984): 565–72; Sébastien Dutertre et al., "Intraspecific variations in *Conus geogra- phus* defence-evoked venom and estimation of the human lethal dose," *Toxicon* 91, no. 1 (2014): 135–44.

18 Tripneustes gratilla *0.05 (i.p.)–0.15 (i.v.)*: Charles Baker Alender, "The venom from the heads of the globiferous pedicellariae of the sea urchin, *Tripneustes gratilla* (Linnaeus)" (Ph.D. dissertation, University of Hawaii, 1964), 87; Bruce W. Halstead, "Current status of marine biotoxicology—An overview," *Clinical Toxicology* 18, no. 1 (1981): 9.

19 Urolophus halleri *28.0 (i.v.)*: Halstead, 12.

20 Synanceia horrida *0.02 (i.p.)–0.3 (i.v.)*: Halstead, 13; H. E. Khoo et al., "Biological activities of *Synanceja horrida* (stonefish) venom," *Natural Tox- ins* 1, no. 1 (1992): 54–60.

21 Aparasphenodon brunoi *0.16 (i.p.)–>1.6 (s.c.)*: Subcutaneous value calculated to be greater than nonlethal paw injection, documented in C. Wilcox, "Venomous Frogs Are Super-Awesome, but They Are Not Going to Kill You (I Promise)," *Science Sushi* (Discover Magazine Blogs), August 7, 2015, http://blogs.discovermagazine.com/science-sushi/2015/08/07/venomous-frogs - are - super - awe some - but - they - are -not - goi n g - to -kill -you -i-promise/. Intraperitoneal value given in Carlos Jared et al., "Venomous frogs use heads as weapons," *Current Biology* 25, no. 16 (2015): 2166–70.

22 Oxyuranus microlepidotus *0.025 (s.c.)*: Olga Pudovka Gross and Gus A. Gross, *Management of Snakebites: Study Manual and Guide for Health Care Professionals* (Victoria, BC, Canada: FriesenPress, 2011), 91.

23 Oxyuranus scutellatus *0.013 (i.v.)–0.11 (s.c.)*: Ibid.

24 Crotalus scutulatus *0.03 (i.v.)*: George R. Zug and Carl H. Ernst, *Snakes in Question: The Smithsonian Answer Book* (Washington, D.C.: Smithsonian Institution, 2015).

25 Blarina brevicauda *13.5–21.8 (i.p.)*: Sydney Ellis and Otto Kraver, "Prop- erties of a toxin from the salivar y gland of the shrew, *Blarina brevicauda*," *Journal of Pharmacology and Experimental Therapeutics* 114, no. 2 (1955): 127–37.

26 *the same snake falls several slots*: A. J. Broad, S. K. Sutherland, and A. R. Coulter, "The lethality in mice of dangerous Australian and other snake venom," *Toxicon* 17, no. 6 (1979): 661–64.

27 tetrodotoxin, *the main component*: Subcutaneous LD_{50} of 0.0125 mg/kg documented in Qinhui Xu et al., "[Toxicity of tetrodotoxin towards mice and rabbits]" (article in Chinese), *Wei Sheng Yan Jiu* (Journal of Hygiene Research) 32, no. 4 (2003): 371–74.

28 Alatina alata—*have an* LD_{50} *ranging from 0.005 to 0.025 mg/kg*: Hiroshi Nagai et al., "A novel protein toxin from the deadly box jellyfish (Sea Wasp, Habu-kurage) *Chiropsalmus quadrigatus*," *Bioscience, Biotechnology, and Biochemistry* 66, no. 1 (2002): 97–102.
29 palytoxin, *which, with an* LD_{50} *of 0.00015 mg/kg*: Halstead, 6.
30 *there are at least sixteen jellies identified*: Lisa-Ann Gershwin, "Two new spe-cies of box jellies (Cnidaria: Cubozoa: Carybdeida) from the central coast of Western Australia, both presumed to cause Irukandji syndrome," *Records of the Western Australian Museum* 29 (2014): 10–19.
31 *guinea pigs are ten times more sensitive*: Sergio Bettini, M. Maroli, and Z. Maretić, "Venoms of Theridiidae, genus *Latrodectus*," in *Arthropod Venoms: Handbook of Experimental Pharmacology*, ed. S. Bettini (Berlin and Heidelberg: Springer, 1978), 160.
32 *kills less than 0.5 percent of the people*: Bart J. Currie and Susan P. Jacups, "Prospective study of *Chironex fleckeri* and other box jellyfish stings in the 'Top End' of Australia's Northern Territory," *Medical Journal of Australia* 183, nos. 11/12 (2005): 631.
33 *about 2 percent of venomous snakebites overall*: Anuradhani Kasturiratne et al., "The global burden of snakebite: A literature analysis and modelling based on regional estimates of envenoming and deaths," *PLoS Medicine* 5, no. 11 (2008): e218.
34 *50 to 60 percent of king cobra bites are fatal*: "*Ophiophagus hannah*," Clinical Toxinology Resources, The University of Adelaide, www.toxinology.com/fusebox.cfm?fuseaction=main.snakes.display&id=SN0048.
35 *anywhere from 60 to 80 percent*: Kavitha Saravu et al., "Clinical profile, species-specific severity grading, and outcome determinants of snake envenomation: An Indian tertiary care hospital-based prospective study," *Indian Journal of Critical Care Medicine* 16, no. 4 (2012): 187; M. L. Ahuja and G. Singh, "Snake bite in India," in *Venoms*, ed. E. E. Buckley and N. Porges (Washington, D.C.: American Association for the Advancement of Science, 1956), 341–52.
36 Lonomia *moth caterpillars stand out*: Linda Christian Carrijo-Carvalho and Ana Marisa Chudzinski-Tavassi, "The venom of the *Lonomia* caterpillar: An overview," *Toxicon* 49, no. 6 (2007): 741–57.
37 *a case-fatality rate of 20 percent*: Pedro André Kowacs et al., "Fatal intracere- bral hemorrhage secondary to *Lonomia obliqua* caterpillar envenoming: Case report," *Arquivos de Neuro-Psiquiatria* 64, no. 4 (2006): 1030–32.
38 *a case-fatality rate of 70 percent*: Centers for Disease Control and Prevention, *Biosafety in Microbiological and Biomedical Laboratories*, 5th ed., Section VIII- G: "Toxin Agents," HHS Publication No. (CDC) 21–1112 (2009): 276.
39 *kill tens of thousands of people every year*: Ian D. Simpson and Robert L. Nor- ris, "Snakes of medical importance in India: Is the concept of the 'Big 4' still relevant and useful?" *Wilderness and Environmental Medicine* 18, no. 1 (2007): 2–9.
40 *Hindu code of laws known as the Gentoo Code*: Nathaniel Brassey Halhead, *A Code of*

Gentoo Laws, or, Ordinations of the Pundits, from a Persian Translation, Made from the Original, Written in the Shanscrit Language (London, 1776).

41 *the Vish Kanya—legendary young women assassins*: Vipul Namdeorao Ambade, Jaydeo Laxman Borkar, and Satin Kalidas Meshram, "Homicide by direct snake bite: A case of contract killing," *Medicine, Science and the Law* 52, no. 1 (2012): 40–43.

42 *Glenn Summerford, a snake-handling preacher*: Thomas G. Burton, *The Ser- pent and the Spirit: Glenn Summerford's Story* (Knoxville: The University of Tennessee Press, 2004).

43 *According to Darlene, in October 1991*: Burton, 5–15.

44 *Glenn, of course, told a very different story*: Burton, 125–40.

45 *Robert "Rattlesnake" James made history*: Gerald F. Uelmen, "Memorable Murder Trials of Los Angeles," *Los Angeles Lawyer* 4 (March 1981): 21.

46 *a man paid a kidnapper*: Ambade et al., 40–41.

47 *paraded an effigy of her body*: W. Ralph Johnson, "A quean, a great queen? Cleopatra and the politics of misrepresentation," *Arion* 6, no. 3 (1967): 387–402.

48 *to give a person spiritual immortality*: Michael Grant, *Cleopatra* (Edison, NJ: Castle Books, 1972; repr. 2004), 216–28.

49 *a humane method of execution*: François P. Retief and Louise Cilliers, "The death of Cleopatra," *Acta Theologica* 26, no. 2, Supplementum 7 (2005): 79–88.

50 *infamous Viking conqueror Ragnar Lothbrok*: Robert W. Rix, "The afterlife of a death song: Reception of Ragnar Lodbrog's poem in Britain until the end of the eighteenth century," *Studia Neophilologica* 81, no. 1 (2009): 53–68.

51 *killed worldwide by snakebites every year*: Kasturiratne et al., e218.

52 *even the serpent in Eden*: Henry Ansgar Kelly, "The metamorphoses of the Eden serpent during the Middle Ages and Renaissance," *Viator* 2 (1972): 301–28.

53 *associated with intelligence and elegance*: Balaji Mundkur et al., "The cult of the serpent in the Americas: Its Asian background [and comments and reply]," *Current Anthropology* 17, no. 3 (1976): 429–55.

54 *the real driver of acute vision*: Lynne A. Isbell, *The Fruit, the Tree, and the Ser- pent: W hy We See So Well* (Cambridge, MA: Harvard University Press, 2009).

55 *in these New World monkeys*: Isbell, 104–106.

56 *are innately afraid of snakes*: Quan Van Le et al., "Pulvinar neurons reveal neurobiological evidence of past selection for rapid detection of snakes," *PNAS* 110, no. 47 (2013): 19000–19005; Judy S. DeLoache and Vanessa LoBue, "The narrow fellow in the grass: Human infants associate snakes and fear," *Developmental Science* 12, no. 1 (2009): 201–207.

57 *where we can't spot spiders*: Sandra C. Soares et al., "The hidden snake in the grass: Superior detection of snakes in challenging attentional conditions," *PLoS ONE* 9, no. 12 (2014): e114724.

58 *nonthreatening shapes like mushrooms or flowers*: Arne Öhman and Joaquim J. F. Soares, " 'Unconscious anxiet y': Phobic responses to masked stimuli," *Journal of*

Abnormal Psychology 103, no. 2 (1994): 231–40.
59 *Isbell hypothesizes that the switch to bipedalism*: Isbell, 145–53.
60 *kill more people every year in the United States*: Ricky L. Langley, "Animal- related fatalities in the United States—an update," *Wilderness and Environ- mental Medicine* 16, no. 2 (2005): 67–74.
61 *their hematophagous (or blood-feeding) lifestyle*: J.M.C. Ribeiro, "Role of saliva in blood-feeding by arthropods," *Annual Review of Entomology* 32 (1987): 463–78.
62 *Malaria claims more than 600,000*: World Health Organization, Global Health Observatory (GHO) data: "Number of malaria deaths: Estimated deaths, 2012," www.who.int/gho/malaria/epidemic/deaths/en/.
63 *30,000 from yellow fever*: World Health Organization, fact sheet no. 100, "Yellow Fever," updated March 2014, www.who.int/mediacentre/factsheets/fs100/en/.
64 *12,000 from dengue*: World Health Organization, fact sheet no. 117, "Den- gue and Severe Dengue," updated May 2015, www.who.int/mediacentre/factsheets/fs117/en/.
65 *20,000 from Japanese encephalitis*: World Health Organization, fact sheet no. 386, "Japanese Encephalitis," December 2015, www.who.int/mediacentre/factsheets/fs386/en/.
66 *40 million people disfigured*: World Health Organization, fact sheet no. 102, "Lymphatic Filariasis," updated May 2015, www.who.int/mediacentre/factsheets/fs102/en/.
67 *the esteemed journal* Nature *asked*: Janet Fang, "Ecology: A world without mosquitoes," *Nature* 466 (2010): 432–34.
68 *from every single caribou in a herd*: Ibid., 433.
69 *wiped out at elevations where mosquitoes flourish*: Richard E. Warner, "The role of introduced diseases in the extinction of the endemic Hawaiian avifauna," *The Condor* 70 (1968): 101–20.

第三章　貓鼬與人（Of Mongeese and Men）

1 *"horror filtered through my mind"*: Joel La Rocque, "Self Immunization—A Dangerous Road to Travel," *ezine articles*, September 18, 2009, http:// ezinearticles.com/?Self-Immunization—A-Dangerous-Road-To-Travel&id=2947421.
2 *from three to six liters of blood*: World Health Organization, "WHO Guide- lines for the Production Control and Regulation of Snake Antivenom Immunoglobulins" (Geneva, Switzerland: WHO Press, 2010), www.who.int/bloodproducts/snake_antivenoms/SnakeAntivenomGuideline.pdf.
3 *43 to 81 percent of snakebite victims*: I. B. Gawarammana et al., "Parallel infusion of hydrocortisone ± chlorpheniramine bolus injection to prevent acute adverse reactions to antivenom for snakebites," *Medical Journal of Australia* 180 (2004): 20–23; C. A. Ariaratnam et al., "An open, random- ized comparative trial of two antivenoms for the

treatment of envenoming by Sri Lankan Russell's viper (*Daboia russelii russelii*)," *Transactions of the Royal Society of Tropical Medicine and Hygiene* 95, no. 1 (2001): 74–80; A. P. Premawardhena et al., "Low dose subcutaneous adrenaline to prevent acute adverse reactions to antivenom serum in people bitten by snakes: Randomised, placebo controlled trial," *British Medical Journal* 318 (1999): 1041–43.

4 *forty to eighty times the dose of viper venom*: H. Moussatché and J. Perales, "Factors underlying the natural resistance of animals against snake ven- oms," *Memórias do Instituto Oswaldo Cruz* 84, Suppl. IV (1989): 391–94.

5 *able to withstand three to twenty times the amount*: Ashlee H. Rowe and Mat- thew P. Rowe, "Physiological resistance of grasshopper mice (*Onychomys* spp.) to Arizona bark scorpion (*Centruroides exilicauda*) venom," *Toxicon* 52 (2008): 597–605.

6 *from the vipers it feeds upon*: Sameh Darawshi, "The ecology of the Short-toed Eagle (*Circaetus gallicus*) in the Judean Slopes, Israel" (graduate thesis, The Hebrew Universit y of Jerusalem, 2013), w w w.rufford.org/files/sameh_darawshi_RSG_Final.pdf.

7 *The little lizard can survive*: Eliahu Zlotkin et al., "Predatory behaviour of gekkonid lizards, *Ptyodactylus* spp., towards the scorpion *Leiurus quinques- triatus hebraeus*, and their tolerance of its venom," *Journal of Natural History* 37, no. 5 (2003): 641–46.

8 *the most potent venom in the Hymenoptera*: W. L. Meyer, "Most Toxic Insect Venom," Book of Insect Records, University of Florida, May 1, 1996.

9 fifteen hundred times *that of mice*: Schmidt, Sherbrooke, and Schmidt, 606.

10 *by Texas scientists in the 1970s*: John C. Perez, Willis C. Haws, and Curtis H. Hatch, "Resistance of woodrats (*Neotoma micropus*) to *Crotalus atrox* venom," *Toxicon* 16, no. 2 (1978): 198–200.

11 *to purify the serum compound*: Vivian E. Garcia and John C. Perez, "The purification and characterization of an antihemorrhagic factor in woodrat (*Neotoma micropus*) serum," *Toxicon* 22, no. 1 (1984): 129–38.

12 *few to no signs of trouble*: Harold Heatwole and Judy Powell, "Resistance of eels (*Gymnothorax*) to the venom of sea kraits (*Laticauda colubrina*): A test of coevolution," *Toxicon* 36, no. 4 (1998): 619–25.

13 *other venoms within the same family*: Michael Ovadia and E. Kochva, "Neu- tralization of Viperidae and Elapidae snake venoms by sera of different animals," *Toxicon* 15, no. 6 (1977): 541–47.

14 *the killer activity of cottonmouth venom*: Dorothy E. Bonnett and Sheldon I. Guttman, "Inhibition of moccasin (*Agkistrodon piscivoris*) venom proteo- lytic activity by the serum of the Florida king snake (*Lampropeltis getulus floridana*)," *Toxicon* 9, no. 4 (1971): 417–25.

15 *against cobras and other elapid snakes*: Robert S. Voss and Sharon A. Jansa, "Snake-venom resistance as a mammalian trophic adaptation: Lessons from didelphid marsupials," *Biological Reviews* 87, no. 4 (2012): 822–37; Robert M. Werner and James A. Vick, "Resistance of the opossum (*Didel- phis virginiana*) to envenomation by snakes of

the family Crotalidae," *Toxicon* 15, no. 1 (1977): 29–32.

16 *given* thir teen times that amount: Avner Bdolah et a l., "Resistance of the Eg yptian mongoose to sarafotox ins," *Toxicon* 35, no. 8 (1997): 1251– 61.

17 *is innate and cannot be shared*: Ovadia and Kochva, "Neutralization of Viperidae and Elapidae snake venoms."

18 *the snakes' potent receptor-targeting toxins*: Dora Barchan et al., "How the mon- goose can fight the snake: The binding site of the mongoose acetylcholine receptor," *PNAS* 89 (1992): 7717–21.

19 *independently at least four times*: Danielle H. Drabeck, Antony M. Dean, and Sharon A. Jansa, "Why the honey badger don't care: Convergent evolu- tion of venom-targeted nicotinic acetylcholine receptors in mammals that survive venomous snake bites," *Toxicon* 99 (2015): 68–72.

20 *circulating in their blood*: A lexis Rodriguez-Acosta, Irma Aguilar, and Maria E. Giron, "Antivenom activit y of opossum (*Didelphis marsupialis*) serum fraction," *Toxicon* 33, no. 1 (1995): 95–98; Jonas Perales et al., "Neu- tralization of the oedematogenic activity of *Bothrops jararaca* venom on the mouse paw by an antibothropic fraction isolated from opossum (*Didelphis marsupialis*) serum," *Inflammation and Immunomodulation: Agents and Actions* 37 (1992): 250–59; Ana G. C. Neves-Ferreira et al., "Isolation and charac- terization of DM40 and DM43, two snake venom metalloproteinase inhib- itors from *Didelphis marsupialis* serum," *Biochimica et Biophysica Acta—General Subjects* 1474, no. 3 (2000): 309–20.

21 *to their young through their milk*: P. B. Jurgilas et al., "Detection of an antibo- thropic fraction in opossum (*Didelphis marsupialis*) milk that neutralizes *Bothrops jararaca* venom," *Toxicon* 37, no. 1 (1999): 167–72.

22 *special components in their blood*: Cynthia A. de Wit and Björn R. Weström, "Venom resistance in the hedgehog, *Erinaceus europaeus*: Purification and identification of macroglobulin inhibitors as plasma antihemorrhagic factors," *Toxicon* 25, no. 3 (1987): 315–23; Tamotsu Omori-Satoh, Yoshio Yamakawa, and Dietrich Mebs, "The antihemorrhagic factor, erinacin, from the European hedgehog (*Erinaceus europaeus*), a metalloprotease inhibitor of large molecular size possessing ficolin/opsonin P35 lectin domains," *Toxicon* 38, no. 11 (2000): 1561–80.

23 *share a lot of similarities*: G. B. Domont, J. Perales, and H. Moussatché, "Natural anti-snake venom proteins," *Toxicon* 29, no. 10 (1991): 1183–94.

24 *serum proteins from the predators*: Sharon A. Jansa and Robert S. Voss, "Adap- tive evolution of the venom-targeted vWF protein in opossums that eat pitvipers," *PLoS ONE* 6 (2011): e20997.

25 *written songs with Slash*: Nuxx, "Steve Ludwin," www.nuxx.com/section.php?id=sl.

26 *a date with Courtney Love*: Steve Ludwin, "The Day Kurt Cobain Threat- ened to Kill My Girlfriend," *Noisey: Music by Vice*, July 14, 2014, http:// noisey.vice.com /en _uk /blog /the -day-kur t-cobain-threatened -to -kill -my-girlfriend-steve-ludwin.

27 *Steve explained to me*: Steve Ludwin, phone interview, January 21, 2015.

28 *Greek* her petó, *or "creeping thing"*: Gordon Gordh and David Headr ick, *A Dictionary of Entomology*, 2nd ed. (Wallingford, U.K., and Cambridge, MA: CABI International, 2011), 625.

29 *Bill Haast, the director of the Miami Serpentarium*: Nancy Haast, The Official Website of W. E. "Bill" Haast, www.billhaast.com/.

30 *began with cobra venom in 1948*: N. Haast, "Snakebites and Immunit y," www.billhaast.com/serpentarium/immunization_snakebites.html.

31 *bitten more than* 170 times: N. Haast, "Snakebites and Immunity."

32 *When he was eighty-eight years old*: VisualSOLUTIONSMedia, "Bill Haast, Snake Man: An American Original," *YouTube*, June 23, 2011, www.youtube.com/watch?v=hDAaXQ J9BtU.

33 *he conducted an online discussion forum*: Steve Ludwin, "IAmA guy who's been injecting deadly snake venom into myself for 20 years. AMA [Ask Me Anything]," *Reddit*, January 29, 2013, www.reddit.com/r/IAmA/com ment s /17h zh k /ia m a _ guy_whos _ been _ inject ing _ dead ly_ sna ke_venom/.

34 *isn't being paid a penny for his contributions*: Andreas H. Laustsen et al., "Snake venomics of monocled cobra (*Naja kaouthia*) and investigation of human IgG response against venom toxins." *Toxicon* 99 (2015): 23–35.

35 *may play a role in the fight against parasites*: R. G. Bell, "IgE, allergies and helminth parasites: A new perspective on an old conundrum," *Immunology and Cell Biology* 74 (1996): 337–45.

36 *the elusive scientist Margie Profet*: Margie Profet, "The function of allergy: Immunological defense against toxins," *Quarterly Review of Biology* 66, no. 1 (1991): 23–62.

37 *small doses of bee venom*: Thomas Marichal et al., "A beneficial role for immunoglobulin E in host defense against honeybee venom," *Immunity* 39, no. 5 (2013): 963–75; Dario A. Gutierrez and Hans-Reimer Rode- wald, "A sting in the tale of Th2 immunity," *Immunity* 39, no. 5 (2013): 803–805.

第四章　關於疼痛（To the Pain）

1 *a three-inch nail in your heel*: Justin O. Schmidt, *The Sting of the Wild* (Balti- more, MD: Johns Hopkins University Press, 2016), 221–30.

2 *gain respect and leadership*: Vidal Haddad Junior, João Luiz Costa Cardoso, and Roberto Henrique Pinto Moraes, "Description of an injury in a human caused by a false tocandira (*Dinoponera gigantea*, Perty, 1833) with a revision on folkloric, pharmacological and clinical aspects of the giant ants of the genera *Paraponera* and *Dinoponera* (sub-family

Ponerinae)," *Revista do Insti- tuto de Medicina Tropical de São Paulo* 47, no. 4 (2005): 235–38.

3 *after collapsing from the unrelenting agony*: Hamish and Andy, "The worst pain known to man," *YouTube*, August 5, 2014, www.youtube.com/watch?v=it0V7xv9qu0.

4 *for hours after the stings*: National Geographic, "Wear ing a Glove of Venomous Ants," *YouTube*, March 3, 2011, w w w.youtube.com/watch?v=XEWmynRcEEQ.

5 *to withstand the sting of the bullet ant*: Steve Backshall, "Bitten by the Ama- zon," *The Sunday Times*, January 6, 2008, www.thesundaytimes.co.uk/sto/travel/Holidays/Wildlife/article77936.ece.

6 *an unfortunate encounter with a lionfish*: Heinz Steinitz, "Observations on *Pterois miles* (L.) and its venom," *Copeia* no. 2 (1959): 159–61.

7 *not just cryptic—they're "repulsively ugly"*: Albert Calmette, *Venoms: Venom- ous Animals and Antivenomous Serum-Therapeutics*, trans. Ernest E. Austen (New York: William Wood and Company, 1908), 290.

8 *"get him to shore without drowning"*: J.L.B. Smith, "A case of poisoning by the stonefish, *Synanceja verrucosa*," *Copeia* no. 3 (1951): 207–10.

9 *"may become almost demented, and . . . may die"*: N. K. Cooper, "Stone fish and stingrays—some notes on the injuries that they cause to man," *Journal of the Royal Army Medical Corps* 137, no. 3 (1991): 136–40.

10 *his death would come from the sea*: Edmund D. Cressman, "Beyond the Sun- set," *Classical Journal* 27, no. 9 (1932): 669–74.

11 *died at the age of forty-four*: Rene Lynch, " 'Crocodile Hunter' cameraman: Footage of Steve Irwin death is private," *Los Angeles Times*, March 10, 2014, www.lat i mes .com /nat ion / la - sh - crocod i le -hu nter - steve -ir w i ns -la st-words-im-dying-20140310-story.html.

12 *the added metabolic cost of a baby*: K. Melzer et al., "Pregnancy-related changes in activity energ y expenditure and resting metabolic rate in Switzerland," *European Journal of Clinical Nutrition* 63, no. 10 (2009): 1185–91.

13 *by 11 percent for three days*: Marshall D. McCue, "Cost of producing venom in three North Amer ican pit viper species," *Copeia* no. 4 (2006): 818–25.

14 *the first three days of venom production*: A.F.V. Pintor, A. K. Krockenberger, and J. E. Seymour, "Costs of venom production in the common death adder (*Acanthophis antarcticus*)," *Toxicon* 56, no. 6 (2010): 1035–42.

15 *by less than 10 percent on average*: Heidi K. Byrne and Jack H. Wilmore, "The effects of a 20-week exercise training program on resting metabolic rate in previously sedentar y, moderately obese women," *The International Journal of Sport Nutrition and Exercise Metabolism* 11 (2001): 15–31; Jeffrey T. Lemmer et al., "Effect of strength training on resting metabolic rate and physical activity: age and gender comparisons," *Medicine and Science in Sports and Exercise* 33 (2001): 532–41; and J. C. Aristizabal et al., "Effect of resistance training on resting metabolic rate and its estimation by a dual-

energy X-ray absorptiometry metabolic map," *European Journal of Clinical Nutrition* 69 (2014): 831–36.

16 *eight days when replenishing venom*: Zia Nisani, Stephen G. Dunbar, and William K. Hayes, "Cost of venom regeneration in *Parabuthus transvaalicus* (Arachnida: Buthidae)," *Comparative Biochemistry and Physiology Part A: Molecular and Integrative Physiology* 147, no. 2 (2007): 509–13; Nisani et al., "Investigating the chemical profile of regenerated scorpion (*Parabuthus transvaalicus*) venom in relation to metabolic cost and toxicity," *Toxicon* 60, no. 3 (2012): 315–23.

17 *isn't required or won't be effective*: David Morgenstern and Glenn F. King, "The venom optimization hypothesis revisited," *Toxicon* 63 (2013): 120 –28.

18 *20 to 50 percent of the bites are dry*: "Fortunately, 50% of bites by venom- ous snakes are 'dr y bites' that result in negligible envenomation," Syed Moied Ahmed et al., "Emergency treatment of a snake bite: Pearls from literature," *Journal of Emergencies, Trauma and Shock* 1, no. 2 (2008): 97–105; "one in ever y four," Kastur iratne et al., e218.

19 *"and respiratory distress may occur"*: Ming-Ling Wu et al., "Sea-urchin envenomation," *Veterinary and Human Toxicology* 45, no. 6 (2003): 307–309.

20 *tend to be simpler in composition*: Nicholas R. Casewell et al., "Complex cocktails: The evolutionary novelty of venoms," *Trends in Ecology and Evo-lution* 28, no. 4 (2013): 219–29.

第五章　血流不止（Bleed It Out）

1 *150,000 to 350,000 per microliter of blood*: J. N. George, "Platelets," Platelets on the Web, April 6, 2005, www.ouhsc.edu/platelets/platelets/platelets%20intro.html.

2 *Lopap, a 185-amino-acid prothrombin activator*: Cleyson V. Reis et al., "Lopap, a prothrombin activator from Lonomia obliqua belonging to the lipocalin family: Recombinant production, biochemical character- ization and structure-function insights," *Biochemistry Journal* 398 (2006): 295–302.

3 *Losac (* Lonomia obliqua *Stuart factor activator)*: Miryam Paola Alvarez- Flores et al., "Losac, the first hemolin that exhibits procoagulant activity through selective factor X proteolytic activation," *Journal of Biological Chemistry* 286 (2011): 6918–28.

4 *isolated by venom scientists from leeches*: Michel Salzet, "Anticoagulants and inhibitors of platelet aggregation derived from leeches," *FEBS Letters* 492, no. 3 (2001): 187–92.

5 *"on their teeth, cultivating bacteria"*: Tracey Franchi, "Fear of Komodo dragon bacteria wrapped in myth," UQ News, University of Queensland, June 25, 2013, www.uq.edu.au/news/article/2013/06/fear-of-komodo-dragon-bacteria-wrapped-myth.

6 *share the same venom genes*: Bryan G. Fry et al., "Early evolution of the venom

system in lizards and snakes," *Nature* 439 (2006): 584–88.

7 *do indeed have venom glands*: Br yan G. Fr y et al., "A central role for venom in predation by *Varanus komodoensis* (Komodo Dragon) and the extinct giant *Varanus* (*Megalania*) *priscus*," *PNAS* 106, no. 22 (2009): 8969–74.

8 *"incorrect or falsely misleading"*: Kurt Schwenk, quoted in Carl Zimmer, "Chemicals in Dragon's Glands Stir Venom Debate," *The New York Times*, May 19, 2009, www.nytimes.com/2009/05/19/science/19komo.html.

9 *more samples and better techniques*: Ellie J. C. Goldstein et al., "Anaerobic and aerobic bacteriology of the saliva and gingiva from 16 captive Komodo dragons (*Varanus komodoensis*): New implications for the 'bacter ia as venom' model," *Journal of Zoo and Wildlife Medicine* 44, no. 2 (2013): 262–72.

10 *didn't find the pathogenic species*: The authors went on to explain where the earlier research had gone wrong: of the fift y-four species that previous research claimed to be "potentially pathogenic," thirt y-three are actu- ally common microbes and "unlikely to be the cause of rapid fatal infec- tion when present in a wound." None of the species found were virulent enough to cause such rapid death. Br yan and his team didn't find the species the previous team had pointed to in the original paper as the probable cause of sepsis (a species that, the authors noted, was found only in 5 percent of the dragons studied in the first place). The authors also pointed out that the earlier researchers were at a disadvantage, as they had to identif y bacteria "without the advantage of molecular methods."

11 *"Having gotten septicemia in Flores*": Bryan G. Fry, Facebook comment, June 26, 2013.

12 *extremely complex reptile venom gland*: Fry et al., "A central role for venom in predation."

13 *a group of lost divers barely survived*: Richard Edwards, "Stranded divers had to fight off Komodo dragons to survive," *The Telegraph*, June 8, 2008, www.telegraph.co.uk/news/worldnews/asia/indonesia/2095835/Stranded-divers-had-to-fight-off-Komodo-dragons-to-survive.html.

14 *the majority of venomous bites*: Rafael Otero-Patiño, "Epidemiological, clin- ical and therapeutic aspects of *Bothrops asper* bites," *Toxicon* 54, no. 7 (2009): 998–1011.

15 *a platelet-aggregating compound called aspercetin*: Alexandra Rucavado et al., "Characterization of aspercetin, a platelet aggregating component from the venom of the snake *Bothrops asper* which induces thrombocytopenia and potentiates metalloproteinase-induced hemorrhage," *Thrombosis and Haemostasis* 85 (2001): 710–15.

16 *half of what it was when they were together*: Gadi Borkow, José María Gutiér- rez, and Michael Ovadia, "Isolation and characterization of synergistic hemorrhagins from the venom of the snake *Bothrops asper*," *Toxicon* 31, no. 9 (1993): 1137–50.

17 *in other species of snakes*: P. E. Bougis, P. Marchot, and H. Rochat, "*In vivo* synergy of cardiotoxin and phospholipase A_2 from the elapid snake *Naja mossambica mossambica*,"

Toxicon 25, no. 4 (1987): 427–31.

18 *as well as in bees and hornets*: Miriam Kolko et al., "Synergy by secretory phospholipase A_2 and glutamate on inducing cell death and sustained arachidonic acid metabolic changes in primary cortical neuronal cultures," *Journal of Biological Chemistry* 271 (1996): 32722–28; C.-L. Ho and L.-L. Hwang, "Structure and biological activities of a new mastoparan isolated from the venom of the hornet *Vespa basalis*," *Biochemical Journal* 274, part 2 (1991): 453–56.

第六章　就是為了方便吃掉你（All the Better to Eat You With）

1 *"certain destruction to her enemies"*: Benjamin Franklin, quoted in *America's Founding Fathers: Their Uncommon Wisdom and Wit*, ed. Bill Adler (Lanham, MD: Taylor Trade Publishing, 2003), 4–8.

2 *no antibodies to inhibit them*: José María Gutiérrez et al., "Experimental pathology of local tissue damage induced by *Bothrops asper* snake venom," *Toxicon* 54, no. 7 (2009): 958–75.

3 *by mechanisms yet unknown*: José María Gutiérrez and Alexandra Rucavado, "Snake venom metalloproteinases: Their role in the pathogenesis of local tissue damage," *Biochimie* 82, no. 9 (2000): 841–50.

4 *that rush to the wound*: Catarina Teixeira et al., "Inflammation induced by *Bothrops asper* venom," *Toxicon* 54, no. 1 (2009): 988–97.

5 *necrosis from snake venoms is greatly reduced*: Gavin David Laing et al., "Inflammator y pathogenesis of snake venom metalloproteinase- induced skin necrosis," *European Journal of Immunology* 33, no. 12 (2003): 3458– 63.

6 *mast cells, to release histamine*: Hui-Fen Chiu, Ing-Jun Chen, and Che- Ming Teng, "Edema formation and degranulation of mast cells by a basic phospholipase A_2 purified from *Trimeresurus mucrosquamatus* snake venom," *Toxicon* 27, no. 1 (1989): 115–25.

7 *wasps and their kin*: Uğur Koçer et al., "Skin and soft tissue necrosis follow- ing hymenoptera sting," *Journal of Cutaneous Medicine and Surgery: Incorpo- rating Medical and Surgical Dermatology* 7, no. 2 (2003): 133–35.

8 *sometimes cause large lesions*: Peter Barss, "Wound necrosis caused by the venom of stingrays. Pathological findings and surgical management," *Medical Journal of Australia* 141, nos. 12–13 (1984): 854–55.

9 *liquefication—"liquefactive necrosis"*: M. H. Appel et al., "Insights into brown spider and loxoscelism," *Invertebrate Survival Journal* 2 (2005): 152–58.

10 *in the rarest of cases, death*: David L. Swanson and Richard S. Vetter, "Lox- oscelism," *Clinics in Dermatology* 24, no. 3 (2006): 213–21.

11 *reduces the dermonecrotic activity*: Patrícia Guilherme, Irene Fernandes, and Katia

Cristina Barbaro, "Neutralization of dermonecrotic and lethal activities and differences among 32–35 kDa toxins of medically important *Loxosceles* spider venoms in Brazil revealed by monoclonal antibodies," *Toxicon* 39, no. 9 (2001): 1333–42.

12 *Sicariids . . . that's it. No other spiders*: Greta J. Binford and Michael A. Wells, "The phylogenetic distribution of sphingomyelinase D activity in venoms of Haplogyne spiders," *Comparative Biochemistry and Physiology Part B: Biochemistry and Molecular Biology* 135, no. 1 (2003): 25–33.

13 *developed their potent necrotic enzyme*: G. J. Binford, Matthew H. J. Cordes, and M. A. Wells, "Sphingomyelinase D from venoms of *Loxosceles* spiders: Evolutionary insights from cDNA sequences and gene structure," *Toxicon* 45, no. 5 (2005): 547–60.

14 *rarely are our open sores the work of tenacious arachnids*: Richard S. Vetter, "Spiders of the genus *Loxosceles* (Araneae, Sicariidae: A review of biologi- cal, medical and psychological aspects regarding envenomations," *The Journal of Arachnology* 36 (2008): 150–63.

15 *inflict a necrotic bite with any regularity*: Swanson and Vetter, 215.

16 *venom is almost twice as potent*: Kátia C. de Oliveira et al., "Variations in *Loxosceles* spider venom composition and toxicity contribute to the sever- ity of envenomation," *Toxicon* 45, no. 4 (2005): 421–29.

17 *rid the house of the potential threat*: Richard S. Vetter and Diane K. Barger, "An infestation of 2,055 brown recluse spiders (Araneae: Sicariidae) and no envenomations in a Kansas home: Implications for bite diagno- ses in nonendemic areas," *Journal of Medical Entomology* 39, no. 6 (2002): 948–51.

18 *more than 85 percent were bacterial infections*: Jeffrey Ross Suchard, " 'Spider bite' lesions are usually diagnosed as skin and soft-tissue infections," *Journal of Emergency Medicine* 41, no. 5 (2011): 473–81.

19 *people who thought they had spider bites*: Tamara J. Dominguez, "It's not a spider bite, it's community-acquired methicillin-resistant *Staphylococcus aureus*," *Journal of the American Board of Family Medicine* 17, no. 3 (2004): 220–26.

20 *scholars believe the author was Ben Franklin*: Walter Isaacson, *Benjamin Frank- lin: An American Life* (New York: Simon & Schuster, 2003), 305.

21 *Approximately sixty thousand protein families*: Victor Kunin et al., "Myriads of protein families, and still counting," *Genome Biology* 4, no. 2 (2003): 401.

22 *factors that set the venomous proteins apart*: Bryan G. Fry et al., "The toxicoge- nomic multiverse: Convergent recruitment of proteins into animal venoms," *Annual Review of Genomics and Human Genetics* 10 (2009): 483–511.

第七章　動彈不得（Don't Move）

1 *"a slumberous lethargy brings life's end"*: Quoted in Peter K. Knoefel and Madeline C. Covi, *Hellenistic Treatise on Poisonous Animals (The Theriaca of Nicander of Colophon: A Contribution to the History of Toxicology)* (Lewiston, NY: Edwin Mellen Press, 1991), 99.

2 *at Suttons Beach in Queensland*: Elena Cavazzoni et al., "Blue-ringed octopus (*Hapalochlaena* sp.) envenomation of a 4-year-old boy: A case report," *Clinical Toxicology* 46, no. 8 (2008): 760–61.

3 *his legs were all floppy*: "Boy bitten by octopus," *Gold Coast Bulletin*, Octo- ber 9, 2006.

4 *quickly killed a full-grown man*: H. Mabbet, "Death of a Skin Diver," *Skin Diving and Spearfishing Digest*, December 1954, 13, 17.

5 *deaths were considered aberrations*: Bruce W. Halstead, *Poisonous and Venom- ous Marine Animals of the World*, vol. I: *Invertebrates* (Washington, D.C.: U.S. Government Printing Office, 1965), 742–43.

6 *absence of knowledge of its chemical composition*: Shirley E. Freeman and R. J. Turner, "Maculotoxin, a potent toxin secreted by *Octopus maculosus* Hoyle," *Toxicology and Applied Pharmacology* 16, no. 3 (1970): 681–90.

7 *pufferfishes: the infamous tetrodotoxin*: D. D. Sheumack et al., "Maculotoxin: A neurotoxin from the venom glands of the octopus *Hapalochlaena macu- losa* identified as tetrodotoxin," *Science* 199 (1978): 188–89.

8 *among the deadliest compounds known to man*: Toshio Narahashi, "Tetrodo- toxin: A brief history," *Proceedings of the Japan Academy, Series B, Physical and Biological Sciences* 84, no. 5 (2008): 147–54.

9 *mechanoreceptors just beneath my skin's outermost layer*: Dale Purves et al., "Mechanoreceptors Specialized to Receive Tactile Information," in *Neuroscience*, 2nd ed., D. Purves et al., eds. (Sunderland, MA: Sinauer Asso- ciates, 2001).

10 *opening force-sensitive ion channels*: Ellen A. Lumpkin, Kara L. Marshall, and Aislyn M. Nelson, "The cell biology of touch," *The Journal of Cell Biology* 191, no. 2 (2010): 237–48.

11 *sodium channels that it isn't effective against*: Chong Hyun Lee and Peter C. Ruben, "Interaction between voltage-gated sodium channels and the neurotoxin, tetrodotoxin," *Channels* 2, no. 6 (2008): 407–12; Narahashi, 152–53.

12 *resistant or immune to its effects*: Toshio Saito et al., "Tetrodotoxin as a biological defense agent for puffers," *Nippon Suisan Gakkaishi* 51, no. 7 (1985): 1175 –80; Tamao Noguchi and Osamu Arakawa, "Tetrodotoxin—distribution and accumulation in aquatic organisms, and cases of human intoxication," *Marine Drugs* 6, no. 2 (2008): 220–42.

13 *"I had not really intended initially"*: Baldomero Olivera, interview, Bishop Museum, Honolulu, Hawaii, June 5, 2015.

14 *what Toto calls the lightning-strike cabal*: Russell W. Teichert et al., "The molecular diversity of conoidean venom peptides and their targets: From basic research to therapeutic applications," in *Venoms to Drugs: Venom as a Source for the Development of Human Therapeutics*, ed..Glenn F. King, RSC Drug Discover y Series 42 (London: Royal Society of Chemistr y, 2015), 163–203.

15 *putting whole schools of fish into an insulin coma*: Helena Safavi-Hemami et al., "Specialized insulin is used for chemical warfare by fish-hunting cone snails," *PNAS* 112, no. 6 (2015): 1743–48.

16 *distinct predatory and defensive venoms*: Sébastien Dutertre et al., "Evolution of separate predation- and defence-evoked venoms in carnivorous cone snails," *Nature Communications* 5 (2014): 3521.

17 *more than five hundred species in the genus* Conus: Thomas F. Duda Jr. and Alan J. Kohn, "Species-level phylogeography and evolutionary history of the hyperdiverse marine gastropod genus *Conus*," *Molecular Phylogenetics and Evolution* 34, no. 2 (2005): 257–72.

18 *ten thousand venomous marine snail species*: Teichert et al., 164; Baldomero M. Ol ivera et a l., "Biodiversity of cone snails and other venomous marine gastropods: Evolutionar y success through neurophar macolog y," *Annual Review of Animal Biosciences* 2, no. 1 (2014): 487–513.

19 *a few hundred to several thousand different toxins*: Vincent Lavergne et al., "Optimized deep-targeted proteotranscriptomic profiling reveals unexplored *Conus* toxin diversity and novel cysteine frameworks," *PNAS* 112, no. 29 (2015): E3782–91.

20 *among the fastest-evolving DNA sequences*: Dan Chang and Thomas F. Duda Jr., "Extensive and continuous duplication facilitates rapid evolution and diversification of gene families," *Molecular Biology and Evolution* 28, no. 8 (2012): 2019–29.

21 *evolution as a change in the frequency of gene variations*: It's unclear exactly when it was so defined, but population geneticists have defined evolution as "change in a l lele frequencies in a population" since approx imately the 1920s to the 1930s— see Mar ion Blute, "Is it time for an updated 'eco-evo-devo' definition of evolution by natural selection?" *Spontane- ous Generations: A Journal for the History and Philosophy of Science* 2, no. 1 (2008): 1–5.

22 *an essential component of evolution*: Karen D. Crow and Günter P. Wagner, "What is the role of genome duplication in the evolution of complex- it y and diversit y?" *Molecular Biology and Evolution* 23, no. 5 (2006): 887–92.

23 *on average, 1.13 times every million years*: Dan Chang and Thomas F. Duda Jr., 2023.

24 *The rate of non-synonymous substitutions in conotoxins*: Thomas F. Duda Jr. and Stephen R. Palumbi, "Molecular genetics of ecological diversifica- tion: Duplication and rapid evolution of toxin genes of the venomous gas- tropod *Conus*," *PNAS* 96, no. 12 (1999): 6820–23.

25 23 percent per million years: Chang and Duda, 2012.

26 *able to switch to fish prey*: Ai-Hua Jin et al., "δ-Conotoxin SuVIA suggests an evolutionary link between ancestral predator defence and the origin of fish-hunting behaviour in carnivorous cone snails," *Proceedings of the Royal Society B: Biological Sciences* 282 (2015): 20150817.
27 *don't so much target ion channels as* make *them*: Thomas C. Südhof, "α-Latrotoxin and its receptors: Neurexins and CIRL/latrophilins," *Annual Review of Neuroscience* 24 (2001): 933–62.
28 *Victims who experience systemic effects*: John Ashurst, Joe Sexton, and Matt Cook, "Approach and management of spider bites for the primary care physician," *Osteopathic Family Physician* 3, no. 4 (2011): 149–53.
29 *whose venom can cause seizures and comas*: M. Ismail, M. A. Abd-Elsalam, and M. S. Al-Ahaidib, "*Androctonus crassicauda* (Olivier), a dangerous and unduly neglected scorpion—I. Pharmacological and clinical studies," *Toxicon* 32, no. 12 (1994): 1599–1618.
30 *aptly named deathstalker scorpion*: Neil A. Castle and Peter N. Strong, "Iden- tification of two toxins from scorpion (*Leiurus quinquestriatus*) venom which block distinct classes of calcium-activated potassium channel," *FEBS Letters* 209, no. 1 (1986): 117–21; Maria L. Garcia et al., "Purification and characterization of three inhibitors of voltage-dependent K^+ channels from *Leiurus quinquestriatus* var. *hebraeus* venom," *Biochemistry* 33, no. 22 (1994): 6834–39.
31 *reported to kill from 8 to 40 percent of human victims*: M. Ismail, "The scorpion envenoming syndrome," *Toxicon* 33, no. 7 (1995): 825–58.
32 *potent peptides to paralyze their intended prey*: C. Y. Lee, "Elapid neurotoxins and their mode of action," *Clinical Toxicology* 3, no. 3 (1970): 457–72.
33 *their folded shape is a core with three loops*: Carmel M. Barber, Geoffrey K. Isbister, and Wayne C. Hodgson, "Alpha neurotoxins," *Toxicon* 66 (2013): 47–58.

第八章　心智遊戲（Mind Games）

1 *"No human being had ever made me feel like that"*: Benjamin Alire Sáenz, *Last Night I Sang to the Monster* (El Paso, TX: Cinco Puntos Press, 2009), 26. The quote is about cocaine, but some say that the high of snake venom is strikingly similar.
2 *inject venom directly into subsections of its brain*: Ram Gal et al., "Sensory arsenal on the stinger of the parasitoid jewel wasp and its possible role in identifying cockroach brains," *PLoS ONE* 9, no. 2 (2014): e89683; Frederic Libersat and Ram Gal, "Wasp voodoo rituals, venom-cocktails, and the zombification of cockroach hosts," *Integrative and Comparative Biology* 54, no. 2 (2014): 129–42.
3 *in search of the missing brain regions*: Libersat and Gal, "Wasp voodoo rituals," 132.

4 *does not elicit the same hygienic urge*: Ibid., 133–34.

5 *the cause of this germophobic behavior*: A. Weisel-Eichler, G. Haspel, and F. Libersat, "Venom of a parasitoid wasp induces prolonged grooming in the cockroach," *Journal of Experimental Biology* 202, part 8 (1999): 957–64.

6 *floods of dopamine are triggered by pleasurable things*: Wolfram Schultz, "Dopa- mine signals for reward value and risk: Basic and recent data," *Behavioral and Brain Functions* 6 (2010): 24.

7 *we feel from illicit substances like cocaine*: Pradeep G. Bhide, "Dopamine, cocaine and the development of cerebral cortical cytoarchitecture: A review of current concepts," *Seminars in Cell and Developmental Biology* 20, no. 4 (2009): 395–402.

8 *the cockroach has lost all will to flee*: Ram Gal and Freder ic Libersat, "On predatory wasps and zombie cockroaches: Investigations of free will and spontaneous behavior in insects," *Communicative and Integrative Biology* 3, no. 5 (2010): 458–61.

9 *the zombification wears off within a week*: Ram Gal and Frederic Libersat, "A parasitoid wasp manipulates the drive for walking of its cockroach prey," *Current Biology* 18, no. 12 (2008): 877–82.

10 *don't evoke a behavioral response*: Ibid.

11 *willingness to be buried and eaten alive*: Ram Gal and Frederic Libersat, "A wasp manipulates neuronal activity in the sub-esophageal ganglion to decrease the drive for walking in its cockroach prey," *PLoS ONE* 5, no. 4 (2010): e10019.

12 *the same chloride receptors, β-alanine and taurine*: Eugene L. Moore et al., "Parasitoid wasp sting: A cocktail of GABA, taurine, and β-alanine opens chloride channels for central synaptic block and transient paralysis of a cockroach host," *Journal of Neurobiology* 66, no. 8 (2006): 811–20.

13 *the stung cockroaches live longer*: Gal Haspel et al., "Parasitoid wasp affects metabolism of cockroach host to favor food preservation for its offspring," *Journal of Comparative Physiology A* 191, no. 6 (2005): 529–34.

14 *named for the soul-sucking guards*: Michael Ohl et al., "The soul-sucking wasp by popular acclaim—museum visitor participation in biodiversit y discovery and taxonomy," *PLoS ONE* 9, no. 4 (2014): e95068.

15 *lay their eggs in spiders, caterpillars, and ants*: Ian D. Gauld, "Evolutionary pat- terns of host utilization by ichneumonoid parasitoids (Hymenoptera: Ich- neumonidae and Braconidae)," *Biological Journal of the Linnean Society* 35, no. 4 (1988): 351–77; Jeremy A. Miller et al., "Spider hosts (Arachnida, Araneae) and wasp parasitoids (Insecta, Hymenoptera, Ichneumonidae, Ephialtini) matched using DNA barcodes," *Biodiversity Data Journal* 1 (2013): e992.

16 *to attach her eggs to caddisfly larvae*: J. M. Elliott, "The responses of the aquatic parasitoid *Agriotypus armatus* (Hymenoptera: Agriotypidae) to the spatial distribution and density of its caddis host *Silo pallipes* (Trichoptera: Goeri- dae)," *Journal of Animal Ecology* 52, no. 1 (1983): 315–30.

17 *nightmarish jaws of an ant lion*: H. Charles J. Godfray, *Parasitoids: Behavioral and Evolutionary Ecology* (Princeton, NJ: Princeton University Press, 1994), 290.
18 *lay eggs in the freshly pupated wasp larvae*: Jeffrey A. Harvey, Leontien M. A. Witjes, and Roel Wagenaar, "Development of hyperparasitoid wasp *Lysibia nana* (Hymenoptera: Ichneumonidae) in a multitrophic frame- work," *Environmental Entomology* 33, no. 5 (2004): 1488–96.
19 *defend pupating young wasps*: Amir H. Grosman et al., "Parasitoid increases survival of its pupae by inducing hosts to fight predators," *PLoS ONE* 3, no. 6 (2008): e2276.
20 *Another species' larva forces its spider host*: William G. Eberhard, "Spider manipulation by a wasp larva," *Nature* 406 (2000): 255–56.
21 *as other illicit drugs in India*: "V-Day drug: Youngsters get high on cobra venom," IBN Live, Feb 16, 2012, www.ibnlive.com/news/india/v-day-drug-youngsters-get-high-on-cobra-venom-447292.html.
22 *one liter fetching as much as 20 million rupees*: "Youth held with 'cobra venom' worth Rs 2 crore," *The Times of India*, February 6, 2014, http://timesofindia.indiatimes.com /cit y/ lucknow/Youth-held -with-cobra-venom-wor th-Rs-2-crore/articleshow/29921434.cms.
23 *teaming up with wildlife experts*: " 'Cobra venom': Six accused in Forest cus- tody, officials say they are only couriers," *The Peninsula*, June 30, 2014, ht t p://thepen i n su laqat a r.com /news /ind ia /346809/cobra -venom - six-accused-in-forest-custody-officials-say-they-are-only-couriers.
24 *to crack down on the illegal sales*: Vijay Kautilya and Pravir Bhodka, "Snake venom—The new rage to get high!" *Journal of the Indian Society of Toxicol- ogy* 8, no. 1 (2012): 46–48.
25 *criminals caught with condoms full of snake venom*: "Drug Addicts Getting High with Snake Bites," Gulte.com, April 14, 2015, www.gulte.com/news/37793/Drug-Addicts-Getting-High-with-Snake-Bites.
26 *precious liquid, worth more than $15,000,000*: Rs. 100 crore = 100 x Rs. 10,000,000 = Rs. 1,000,000,000, converts to $15,628,310.00 USD (accord- ing to Google conversion rate, 2015); Rs. 100 crore from " 'Cobra venom': Six accused," *The Peninsula.*
27 *and for violating protected-species laws*: Chandra S. Singh et al., "Species Identification from Dried Snake Venom," *Journal of Forensic Sciences* 57, no. 3 (2012): 826–28.
28 *graded as providing mild, moderate, or severe effects*: Subramanian Senthilku- maran et al., "Repeated snake bite for recreation: Mechanisms and impli- cations," *International Journal of Critical Illness and Injury Science* 3, no. 3 (2013): 214–16.
29 *"the kick the other substances now lacked"*: Mohammad Zia Ul Haq Katshu et al., "Snake bite as a novel form of substance abuse: Personality profiles and cultural perspectives," *Substance Abuse* 32, no. 1 (2011): 43–46.
30 *"a sense of well-being, lethargy, and sleepiness"*: Katshu et al., 44.
31 *would have indulged daily, but the cost*: P. V. Pradhan et al., "Snake venom habituation

in heroin (brown sugar) addiction: (Report of two cases)," *Journal of Postgraduate Medicine* 36, no. 4 (1990): 233–34.

32 *"a sense of well-being and happiness after each bite"*: Pradhan et al., 233–34.

33 *a high that he said lasted for several days*: "Teenager addicted to snake venom arrested in Kerala," *The Hindu*, August 18, 2014, www.thehindu.com/news/national/kerala/teenager-addicted-to-snake-venom-arrested-in-kerala/article6328195.ece.

34 *venom to help calm nerves and fight insomnia*: Senthilkumaran et al., 214–15.

35 *"quick effect" and an "extra kick"*: Pradhan et al.; T. K. Aich et al., "A com- parative study on 136 opioid abusers in India and Nepal," *Journal of Psychia- trists' Association of Nepal* 2, no. 2 (2013): 11–17.

36 *so mild that they sleep right through them*: Utpal Jana and P. K. Maiti, "Dys- phagia—an uncommon presentation of unnoticed snakebite," *Journal of the Indian Medical Association* 110, no. 9 (2012): 659–60.

37 *can be delayed for more than half an hour*: e.g., "Bitten by a Deadly Cobra," *Animal Planet*, www.animalplanet.com/tv-shows/fatal-attractions/videos/bitten-by-deadly-cobra/.

38 *"I did not wonder if it would ever end"*: Bryan Grieg Fry, *Venom Doc: The Edgiest, Darkest and Strangest Natural History Memoir Ever* (Sydney: Hachette Australia, 2015), 46–47.

39 *rejuvenated by very low doses of cobra venom*: Ludwin, "IAmA guy who's been injecting deadly snake venom."

40 *described feeling a "good, clean high"*: Phone interview, Anson Castelvecchi, August 3, 2015.

41 *"There is no death in the cup"*: Lucan, *The Civil War*, trans. James Duff, Book IX (London: William Heinemann, 1928).

42 *Brian Hanley, the founder of and chief scientist for Butterfly Sciences*: Brian Han- ley, e-mail interview, August 3, 2015, http://bf-sci.com/?page_id=44.

43 *similar to the party drug γ-hydroxybutyric acid (or GHB)*: Hanley, e-mail inter view.

44 *allowing it to free its head and bite his hand*: John Virata, "Kentucky Reptile Zoo Director Survives 9th Venomous Snake Bite in 38 Years," *Reptiles Mag- azine*, February 4, 2015, www.reptilesmagazine.com/Snakes/Information-News/Kentucky-Reptile-Zoo-Director-Survives-9th-Venomous-Snake-Bite-in-38-Years/.

45 *According to Jim, whose experiences*: Jim Har r ison, phone inter view, Au- gust 5, 2015.

46 *experiments in the early twentieth century*: David I. Macht, "Experimental and clinical study of cobra venom as an analgesic," *PNAS* 22, no. 1 (1936): 61–71.

47 *used by veterinarians as a horse analgesic*: D. De Klobusitzky, "Animal ven- oms in therapy," in *Venomous Animals and their Venoms*, vol. 3: *Venomous Invertebrates*, eds. Bücherl and Buckley (New York: Academic Press, 1971), 443–78; Ludovic Bailly-Chouriberry et al., "Identification of α-cobratoxin in equine plasma by LC-MS/MS for

doping control," *Analytical Chemistry* 85, no. 10 (2013): 5219–25.

48 *to make neurons easier to trigger*: Benjamí Oller-Salvia, Meritxell Teixidó, and Ernest Giralt, "From venoms to BBB shuttles: Synthesis and blood– brain barrier transport assessment of apamin and a nontoxic analog," *Pep- tide Science* 100, no. 6 (2013): 675–86.

49 *apamin injection improves learning and cognitive performance*: O. Deschaux and J-C. Bizot, "Apamin produces selective improvements of learning in rats," *Neuroscience Letters* 386, no. 1 (2005): 5–8; F. J. Van der Staay et al., "Behav- ioral effects of apamin, a selective inhibitor of the SK_{Ca}-channel, in mice and rats," *Neuroscience and Biobehavioral Reviews* 23, no. 8 (1999): 1087–1110.

50 *or the lack of inhibitory signals*: Carl R. Lupica and Arthur C. Riegel, "Endocannabinoid release from midbrain dopamine neurons: A potential substrate for cannabinoid receptor antagonist treatment of addiction," *Neuropharmacology* 48, no. 8 (2005): 1105–16.

51 *why people feel a rush from bites*: Alexey Osipov and Yuri Utkin, "Effects of snake venom polypeptides on central nervous system," *Central Nervous System Agents in Medicinal Chemistry* 12, no. 4 (2012): 315–28.

52 *scientists can detect it in the mouse brains*: R. T. Gomes et al., "Comparison of the biodistribution of free or liposome-entrapped *Crotalus durissus ter- rificus* (South American rattlesnake) venom in mice," *Comparative Bio- chemistry and Physiology Part C: Toxicology and Pharmacology* 131, no. 3 (2002): 295–301.

53 *make their way into the central nervous system*: J. A. Alves da Silva, K. C. Oliveira, and M.A.P. Camillo, "Gyroxin increases blood-brain barrier permeabilit y to Evans blue dye in mice," *Toxicon* 57, no. 1 (2011): 162– 67.

54 *to induce effects from the outside*: Adriana C. Mancin et al., "The analgesic activity of crotamine, a neurotoxin from *Crotalus durissus terrificus* (South American rattlesnake) venom: A biochemical and pharmacological study," *Toxicon* 36, no. 12 (1998): 1927–37; Hui-Ling Zhang et al., "Opiate and acetylcholine-independent analgesic actions of crotoxin isolated from *Crotalus durissus terrificus* venom," *Toxicon* 48, no. 2 (2006): 175–82.

55 *direct action on the central nervous system*: For a review, see Osipov and Utkin.

56 *make their way past the brain's defenses*: Glenn F. King, "Venoms as a platform for human drugs: Translating toxins into therapeutics," *Expert Opinion on Biological Therapy* 11, no. 11 (2011): 1469–84.

57 *argument regarding* Cannabis *species*: Michael Pollan, *The Botany of Desire: A Plant's-Eye View of the World* (New York: Random House, 2001).

第九章　致命的救星（Lethal Lifesavers）

1 *"from the lips of death the lessons of life"*: Felix Adler, *Life and Destiny: Or Thoughts from the Ethical Lectures of Felix Adler* (New York: McClure, Phillips and Company, 1903), 113.
2 *than all other deaths combined*: World Health Organization, "The top 10 causes of death," www.who.int/mediacentre/factsheets/fs310/en/index2.html.
3 *also dominate deaths under age fi fty*: Ole F. Norheim et al., "Avoiding 40% of the premature deaths in each country, 2010–30: Review of national mor- tality trends to help quantify the UN Sustainable Development Goal for health," *The Lancet* 385 (2015): 239–52, table 2; World Health Organiza- tion, "Burden: mortalit y, morbidit y and risk factors," chapter 1 in *Global Status Report on Noncommunicable Diseases* 2010 (Geneva: WHO Press, 2011), 10; *The Global Burden of Disease, 2004 Update* (Geneva: WHO Press, 2008).
4 *Eng had never seen a Gila monster*: Andrew Pollack, "Lizard-Linked Ther- apy Has Roots in the Bronx," *The New York Times*, September 21, 2002, www.ny t i mes .com /20 02 /09/21 / busi ness /liz a rd -li nked -therapy-has-roots-in-the-bronx.html.
5 *in* The Salt Lake Tribune *from 1898*: "The Horrible Gila Monster," *The Daily Tribune*, January 2, 1898, 15, www.newspapers.com/image/11120062/.
6 *"most to be dreaded of anything that crawls"*: "The Gila Monster and Its Deadly Bite," *The Milwaukee Journal*, November 1, 1898, 11.
7 *"the Gila monster to release its hold"*: "Terrors of the Gila Monster," *The San Francisco Call*, October 9, 1898, 23.
8 *at least one hundred times less potent than known killers*: Geeta Datta and Anthony T. Tu, "Structure and other chemical characterizations of gila toxin, a lethal toxin from lizard venom," *The Journal of Peptide Research* 50, no. 6 (1997): 443–50.
9 *a new peptide hormone that no one knew existed*: David Mendosa, *Losing Weight with Your Diabetes Medication: How Byetta and Other Drugs Can Help You Lose More Weight than You Ever Thought Possible* (Boston: Da Capo Press, 2008), chapters 5 and 6.
10 *Eng developed a synthetic:* Andrew Pollack, "Lizard-Linked Therapy Has Roots in the Bronx," *The New York Times,* September 21, 2002, www.nytimes.com/2002/09/21/business/lizard-linked-therapy-has-roots-in-the-bronx.html.
11 *told* The New York Times: Alex Berenson, "A Ray of Hope for Diabet- ics," *The New York Times*, March 2, 2006, www.nytimes.com/2006/03/02/business/02drug.html?_r=0.
12 *its first full year on the market*: FiercePharma, "Top 15 Drug Launch Super- stars," October 2, 2013, www.fiercepharma.com/special-reports/top-15-drug-launch-superstars.
13 *the exenatide diabetes duo*: "AstraZeneca completes the acquisition of Bristol-Myers Squibb share of global diabetes alliance," AstraZeneca press release, Februar y 3, 2014, www.astrazeneca.com/our-company/media-centre/press-releases/2014/astrazeneca-aquisition-bristol-myers-squibb-global-diabetes-alliance-03022014.html.
14 *preclinical testing of exendin-4 in the 1990s*: "Exendin-4: From lizard to laboratory .

. . and beyond." NIH National Institute on Aging News- room, July 11, 2012, www.nia.nih.gov/newsroom/features/exendin-4-lizard-laboratory-and-beyond.

15 *began a human clinical trial*: "Exendin-4 in Alzheimer's Disease," www.nia.nih.gov/alzheimers/clinical-trials/exendin-4-alzheimers-disease.

16 *expected to rise to $2* trillion *by 2030*: Martin Prince et al., *World Alzheimer Report 2015: The Global Economic Impact of Dementia* (London: Alzheimer's Disease International, 2015), www.alz.co.uk/research/world-report-2015.

17 *"I think the potential is still greater"*: Glenn King, interview, University of Queensland, Brisbane, Australia, November 28, 2014.

18 *having literally edited the book on it*: Glenn F. King, ed., *Venoms to Drugs: Venom as a Source for the Development of Human Therapeutics* (London: Royal Society of Chemistry, 2015).

19 *as a topical cure for baldness*: Markus Hellner et al., "Apitherapy: Usage and experience in German beekeepers," *Evidence-Based Complementary and Alternative Medicine* 5, no. 4 (2008): 475–79.

20 *used bee stings to treat gout*: Martin Grassberger et al., *Biotherapy—History, Principles and Practice: A Practical Guide to the Diagnosis and Treatment of Disease Using Living Organisms* (Dordrecht: Springer Netherlands, 2013), 78–80, http://link.springer.com/book/10.1007/978-94-007-6585-6.

21 *frequently employed snake venoms as therapeutics*: A. Gomes, "Snake Venom—An Anti Arthritis Natural Product," *Al Ameen Journal of Medical Sciences* 3, no. 3 (2010): 176.

22 *prevented blood loss from a life-threatening wound*: Adrienne Mayor, "The Uses of Snake Venom in Antiquity," *Wonders and Marvels*, November 2011, www.wonder sand mar vels .com /2011 /11/the -uses -of-snake -venom -in-antiquity.html.

23 *the use of cobra venom for pain*: John Henr y Clarke, *A Dictionary of Practical Materia Medica* (London: The Homeopathic Publishing Company, 1902).

24 *followed up with experiments on people*: Robert N. Rutherford, "The use of cobra venom in the relief of intractable pain," *New England Journal of Med- icine* 221, no. 11 (1939): 408–13.

25 *improved the symptoms of multiple sclerosis*: Ahmad G. Hegazi et al., "Novel therapeutic modalit y employing apitherapy for controlling of multi- ple sclerosis," *Journal of Clinical and Cellular Immunology* 6, no. 1 (2015): 299.

26 *snake venom to treat arthritis*: Antony Gomes et al., "Anti-arthritic activity of Indian monocellate cobra (*Naja kaouthia*) venom on adjuvant induced arthritis," *Toxicon* 55, no. 2 (2010): 670–73.

27 *Ellie told me that she became incapacitated*: Ellie Lobel, phone interviews, July 16, 2014, and January 23, 2015. Details also appeared in Christie Wilcox, "How a Bee Sting Saved My Life," *Mosaic*, March 24, 2015, http://mosaicscience.com/story/how-bee-sting-saved-my-life-poison-medicine.

28 *is a potent antibiotic*: Jean F. Fennell, William H. Shipman, and Leonard J. Cole, "Antibacterial action of a bee venom fraction (melittin) against a penicillin-resistant staphylococcus and other microorganisms," Research and Development Technical Report USNRDL-TR-67-101 (San Fran- cisco: Naval Radiological Defense Lab, 1967).

29 *melittin has no trouble with them*: Lori L. Lubke and Claude F. Garon, "The antimicrobial agent melittin exhibits powerful in vitro inhibitory effects on the Lyme disease spirochete," *Clinical Infectious Diseases* 25, Supplement 1 (1997): S48–S51.

30 *worst symptoms in chronic Lyme sufferers*: Juliana Silva et al., "Pharmacologi- cal alternatives for the treatment of neurodegenerative disorders: Wasp and bee venoms and their components as new neuroactive tools," *Toxins* 7, no. 8 (2015): 3179–3209.

31 *Ken Winkel, the former head of the Australian Venom Research Unit*: Kenneth Winkel, interview, University of Melbourne, Melbourne, Australia, No- vember 23, 2014.

32 *Sea anemone venom tackling autoimmune disorders*: "Kineta's ShK-186 shows encouraging early results as potential therapy for autoimmune eye diseases," press release, March 19, 2015, w w w.kinetabio.com/press _releases/Press Release20150319.pdf.

33 *Tarantula venom for muscular dystrophy*: Charlotte Hsu, "Good Venom," 2012, www.buffalo.edu/home/feature_story/good-venom.html.

34 *Centipede venom to cure unrelenting, excruciating pain*: Shilong Yang et al., "Discovery of a selective $Na_V1.7$ inhibitor from centipede venom with analgesic efficacy exceeding morphine in rodent pain models," *PNAS* 110, no. 43 (2013): 17534–39.

35 *cancer treatments lurking in the venoms of bees*: Nada Oršolić, "Bee venom in cancer therapy," *Cancer and Metastasis Reviews* 31, no. 1 (2012): 173–94.

36 *snakes, snails, scorpions*: *Snakes*: Vagish Kumar Laxman Shanbhag, "Applica- tions of snake venoms in treatment of cancer," *Asian Pacific Journal of Tropical Biomedicine* 5, no. 4 (2015): 275–76; *Snails*: Shiva N. Kompella et al., "Alanine scan of α-conotoxin RegIIA reveals a selective α3β4 nicotinic acetylcholine receptor antagonist," *Journal of Biological Chemistry* 290, no. 2 (2015): 1039–48; *Scorpions*: "Scor pion venom has toxic effects against cancer cells," news release, Investigación y Desarollo, *AlphaGalileo*, May 27, 2015, www.alphagalileo.org/ViewItem.aspx?ItemId=153094 & CultureCode=en.

37 *and even mammals*: Quentin Casey, "Taming of the shrew's venom," *Finan- cial Post*, July 2, 2012, http://business.financialpost.com/entrepreneur/taming-of-the-shrews-venom.

38 *making it one step closer to market*: Julie Fotheringham, "Targeting TRPV6 with Soricimed's novel SOR-C13 inhibits tumour growth in breast and ovar ian cancer models," press release, *Market Watch*, May 6, 2015, www.market watch .com /stor y/target ing -tr pv6 -with -sor icimed s -novel -sor-c13 -in h ibits -tu mour -grow th -in -brea st -and - ova r ia n - ca ncer -models-2015-05-06.

39 *guide them during brain tumor surgery in children*: Study of BLZ-100 in Pediat- ric Subjects with CNS Tumors, Blaze Bioscience, Inc., https://clinicaltrials.gov/ct2/show/NCT02462629.

40 *bee venom can attack and kill human immunodeficiency virus*: David Fenardet et al., "A

peptide derived from bee venom–secreted phospholipase A_2inhibits replication of T-cell tropic HIV-1 strains via interaction with the CXCR4 chemokine receptor," *Molecular Pharmacology* 60, no. 2 (2001): 341–47.

41 *1.5 million deaths worldwide every year*: World Health Organization, Global Health Observatory Data, "Number of deaths due to HIV/AIDS," www.who.int/gho/hiv/epidemic_ status/deaths/en/.

42 *compounds in snake venoms have shown activity against malaria*: Renaud Conde et al., "Scorpine, an anti-malaria and anti-bacterial agent purified from scorpion venom," *FEBS Letters* 471, no. 2 (2000): 165– 68; Helge Zieler et al., "A snake venom phospholipase A_2 blocks malaria parasite development in the mosquito midgut by inhibiting ookinete association with the midgut surface," *Journal of Experimental Biology* 204, part 23 (2001): 4157–67.

43 *and reduce suffering in millions more*: World Health Organization, "10 Facts on Malaria," updated November 2015, www.who.int/features/factfiles/malaria/en/.

44 *that might be able to straighten that out*: Kenia P. Nunes et al., "Erectile func- tion is improved in aged rats by PnTx2-6, a toxin from *Phoneutria nigriven- ter* spider venom," *Journal of Sexual Medicine* 9, no. 10 (2012): 2574–81.

45 *Bee venoms might be better than Botox*: Greg Ward, "Bee stings could be new Botox," BBC News, December 21, 2012, www.bbc.com/news/business-20807198.

46 *potential spermicide in black widow spider venom*: Antonio De La Jara, "Chile's Black Widow Spider May Yield Spermicide," Reuters, June 1, 2007, www.reuters.com/ article/2007/06/01/us-chile-spider-idUSN0132580120070601.

47 *Rattlesnakes are gleefully rounded up*: Clark E. Adams et al., "Texas rattle- snake roundups: Implications of unregulated commercial use of wildlife," *Wildlife Society Bulletin* 22, no. 2 (1994): 324–30.

48 *to sell as pets, props, or parts*: K. Anna I. Nekaris et al., "Exploring cul- tural drivers for wildlife trade via an ethnoprimatological approach: A case study of slender and slow lorises (*Loris* and *Nycticebus*) in South and Southeast Asia," *American Journal of Primatology* 72, no. 10 (2010): 877–86.

49 *during life's 3-to-4-billion-year history*: Gerardo Ceballos et al., "Accelerated modern human–induced species losses: Entering the sixth mass extinc-tion," *Science Advances* 1, no. 5 (2015): e1400253.

致謝

我最先要感謝我的編輯阿曼達・穆恩（Amanda Moon）。七年多前，我只是個沒接觸過編輯的部落格主，在面對寫這本書這個大挑戰之後，才知道好編輯所具備的能力，要我來說就像是超能力。如果你喜歡這本書，是因為阿曼達用她神奇的鍵盤把我的文字轉換成能讓人持續閱讀下去的文章。阿曼達、司考特・伯赫特（Scott Borchert）以及在《科學人》雜誌（*Scientific American*）／Farrar, Straus and Giroux 出版社的其他人，都有無比的耐心並且提供充分的支援，沒有比他們更好的出版團隊了。我不會因為疏忽而忘了感謝艾利克・尼爾森（Eric Nelson），他最先建議我寫這本書。我和艾利克、Susan Rabiner Literary Agency 的同仁之間工作愉快，很高興他們對我這個初出茅廬的作家深具信心。

這本書的寫作得到了許多人與機構的協助。由於數量太多了，我保證我會忘掉一些（請原諒！），但是會盡全力不遺漏。毒液社群中有許多善良慷慨的人，寫這本書的時候我受到許多人的幫助：佛萊、溫克爾和奧里維拉，我真的很喜歡從你們那裡挖到的動物知識。謝謝洛貝爾願意相信我，讓我寫出她那不可思議的故事。我也要感謝帶我進入兩爬世界的兩爬控：路德溫、卡司塔維奇、提姆・夫雷德（Tim Friede）和漢利。我也非常感謝那些幫助我就近觀察危險動物的人：科克蘭、大衛・尼爾森、艾利克・葛蘭（Eric Gren）、洛瑪林達大學的海耶斯，雨林探險公司（Rainforest Expeditions）的波梅蘭茨、克雷莫、皮查多，科摩多潛水中心的每個人，林卡島上的導遊阿卡布，龍柏無尾熊動物園的貝卡和其他工作人員。（「感謝」大家讓我見到了奇特的動物，「非常感謝」大家保我平安離開。）

當然，如果沒有那兩位人士，我是不可能在這裡寫致謝詞的，他們的教誨讓我成為科學家。布萊恩・鮑文（Brian Bowen）：大部分的博士論文指導教授可能會說寫部落格、混社交媒體，都只是在浪費時間，應該集中心力在實驗室的工作上。但我從未聽您說過什麼，而是支持並鼓勵我從事這些課外活動。謝謝您讓我做自己，我確信這並不簡單。還有柳原安潔兒：我無法想像能向比您更聰明、仔細與熱情的科學家學習。我知道我在當您的博士後研究員那段時期，您讓我盡力成為一名好科學家。我不知道如何才能表達對您的教導、友誼和支持的感激之情。

最後我要感謝家人與朋友，你們的支持讓我度過了充滿混亂的寫書過程。其中有兩位付出極多、遠超過本分。基拉・克蘭德（Kira Krend），這位教育班長鞭策我，讓我沒有放棄。另一位當然是傑卡布・布勒，我的愛人。我不會忘記那天在找尋蜥蜴一整天之後，我們坐在幾乎無法承受風浪的小船上，看著林卡島邊的一座小島上蝙蝠成群飛起的景象（太驚人了！）。謝謝你當我的旅伴、提供我許多意見，並且在我成天瞪著螢幕寫作、完全忘記外在世界時，照顧我的起居生活，提醒我要吃飯睡覺。沒有你我真的無法活下去（就是字面上的意思啦）。

延伸閱讀

比有毒的動物更可怕的是人類的無知

國立臺灣師範大學生命科學系退休教授／杜銘章

中國傳統的五毒是蛇、蠍、蜈蚣、壁虎和蟾蜍。其中的壁虎其實沒有毒性，金庸也許知道這一點，在他的小說中五毒已經改成蛇、蠍、蜈蚣、蜘蛛和蟾蜍。然而蟾蜍和其他四種不太一樣，牠無法主動將毒液注射到受害動物的體內，因此有些動物學者認定的五毒是蛇、蠍、蜈蚣、蜘蛛和蜂。牠們都屬於本書的第三類具有毒性的動物，稱為「施毒的」（toxungenous）動物。

不管是哪一種五毒，蛇都位居五毒之首，這一群動物也是我研究了超過三十年的動物。不過和作者不一樣的地方是，我並不是被牠們的毒液或外型吸引而走上這條不歸路。我其實熱愛各類的動物，考上中山大學海洋生物研究所之後，碩士論文原本打算研究還少有人碰觸的魚苗生態，終因經費不足而放棄那個題材。就在不知道該如何是好的時候，師大王穎教授一句送別的玩笑話瞬間進入我的腦中：「你以前摸那麼多的青蛙和蛇，現在要去念海洋生物研究所了，應該去研究海蛇。」和魚苗生態一樣，海蛇的生態也少有人研究，而且一樣經費不足。不一樣的是，牠們遠比魚苗還危險，挑戰也更大。唯一較自在的是我可以在熟悉的地方：蘭嶼（我曾以第一志願在蘭嶼國中任教了一年），研究我較熟悉的動物：蛇類。

雖說較自在，要與這群又毒又危險的動物經常為伍，還是免不了會擔心，於是我很認真地閱讀相關的文獻，然而卻是愈讀愈不自在，因為牠們除了劇毒之外，脾氣還不怎麼好。澳洲的劍尾海蛇在繁殖季節甚至會主動攻擊潛水人員，讀到這些資訊後，「壯志未酬身先死」的成語即刻與我產生連結。我還年輕，連個女朋友都還沒有，豈可那麼早就回歸塵土！也許老天疼憨子，接下來我終於看到一段有轉機的敘述：「海蛇的毒牙都很短，只要穿〇．六公分厚的防寒衣，潛水人員就安全了！」我趕緊問我們的潛水教練蘇焉老師，在台灣，防寒衣可以做到多厚？他說：〇．七公分。就這樣，我做了一套全國最厚的防寒衣，開啟了多數人望之卻步的海蛇生態研究，並揭開了蘭嶼海蛇溫柔、安全不為人知的一面。

海蛇不是都有劇毒嗎？怎麼可能安全？本書的第二章剛好有相關的論述。一般界定毒性的強弱是在相同的條件下才能比較，最常用的比較標準是半致死劑量（median lethal dosage），簡寫成LD_{50}。LD_{50}是指能殺死一半實驗動物所需的毒素劑量，通常以毫克／公斤表示，數值愈低毒性愈強。海蛇的 LD_{50} 多半非常低，全世界最毒的五種毒蛇中，海蛇便占了兩種，而且分別是第一和第四名。蘭嶼的海蛇毒性也僅次於台灣最毒的雨傘節，但是否會致命還有另一個因素要考量，就是出毒量，也就是每次咬噬時注入的毒液量。毒液量不大時，即使毒性很強也不容易致命，蘭嶼的海蛇正是如此，更何況牠們的攻擊性非常弱，毒牙又短，所以相當安全。本書另外提到：「最符合生態與演化道理的致死性計算方式，是看看這種分泌毒液的動物每年造成多少人死亡，這樣就能計算出每個人死於該種動物的風險高低。」如果用這個指標來看蘭嶼的四種海蛇，那牠們的風險便趨近於零。

當我準備去美國的大學攻讀博士時，申請的文件多會問及你的終生職志是什麼？我於是認真思考到底這輩子要做什麼？我熱愛各類動物和生態環境的保護，最後之所以選擇蛇類作為終生的研究對象，是因為牠們被人類誤解的程度極深，很像動物界被遺棄的孤兒。如果一群被人類厭惡歧視的動物，最終可以接受進而保育牠們，其他可愛動物或美麗山河的保育怎麼會有問題？於是我選擇兩棲爬蟲專業的實驗室，並用菱斑水蛇作為博士論文的題材。這種水蛇雖然屬於無毒的蛇類，但攻擊性很強，而且唾液內有一些抗凝血的成分，每次被咬傷口都會較久才能癒合。雖然當時我的老闆就告訴我牠們具有不傷人的微毒成分，而我也多次親身體驗被咬的後果，但一直不知道為何這些無毒蛇還是會有微毒的唾液？看到本書的第四章才恍然大悟。澳洲毒液科學家佛萊在研究有毒的蛇類和蜥蜴與牠們無毒的相近物種時發現，無毒蛇類也會製造少量的毒液蛋白，這徹底改變了我們對於有毒爬行動物的看法。佛萊主張，爬行動物中的蛇類和蜥蜴有毒，並非各自演化出來的，而是所有會分泌毒液的爬行動物，以及牠們不會製造毒液的近親，都源自於同一個會製造毒液的祖先。

取得博士學位回台灣後，我一直以蛇類作為研究的對象，而且常是用毒蛇做研究，雖然很少研究牠們的毒液，但不乏被咬的經驗，赤尾青竹絲、龜殼花、菊池氏龜殼花、闊帶青斑海蛇都分別咬過我的不同學生或陪他們做實驗的朋友。本書第六章提到出血性蛇毒常含有導致壞疽的成分，有些種類則特別嚴重。我想到我的一位女學生曾被菊池氏龜殼花咬到左手的中指，這種龜殼花是台灣特有的種類，只分布在高海拔山區，幾乎沒有咬傷案例，也沒有針對這種蛇的抗毒液血清。既然沒有專屬的血清，只能試試龜殼花和赤尾青竹絲的混合血清，幸好有效，但傷口附近有明顯變黑的壞疽現象。這個情形在龜殼花和赤尾青竹絲的咬傷中並不明顯，所幸她朋友提早留意到這個異狀並在壞疽惡化之前就處理了，最後復原良好。

因為長期研究蛇類並寫了一本《蛇類大驚奇》的科普書籍，我認識了一些研究蛇毒的科學家和台灣輝煌的蛇毒研究歷史。本書中提到的出血毒和神經毒兩類主要的蛇毒，其致命的毒理機制很大部分就是台灣的前輩科學家們發現的。楊玉齡和羅時成合著的《台灣蛇毒傳奇：台灣科學史上輝煌的一頁》有很詳細的陳述，除了介紹一脈相承的蛇毒研究科學家，也介紹了他們的重要研究成果。曾經是世界第一的蛇毒研究，後來漸漸式微了，只有少數的研究人員繼續在蛇毒領域，蔡蔭和教授就是持續做蛇毒、也和我們有合作關係的研究人員。我們的合作多是利用蛇毒的成分探討不同毒蛇之間的親緣關係，不過有一次和蔡教授的合作與本書第六章的引言「她牙中的毒是用來消化她所吃的食物，同時也消滅她的敵人」有關。蛇毒，尤其是出血性蛇毒的一些成分，可以分解蛋白質，這樣的功能就像消化作用，因此蛇毒有助於消化是看起來很合理且普遍被接受的看法。我和蔡教授以及台大林曜松教授指導的一位研究生朱家蔚便針對這個問題做過實驗，比較有注射毒液和無注射毒液的小白鼠，餵食赤尾青竹絲和菊池氏龜殼花之後的排遺時間，以及攝食後兩組蛇的能量代謝變化。出乎我們意料的是，蛇毒並無明顯幫助消化的作用。我想，出血性蛇毒雖然能分解一些蛋白質，但其主要的功能是破壞血管和組織，即使表面上和消化作用相似，卻不像消化作用那麼徹底地將大分子一路分解成可以吸收的小分子，所以就算有幫助，也微乎其微。

雖然台灣的蛇毒研究不再像過去有那麼大的團隊和輝煌的成果，但本書最後一章「致命的救星；從複雜的毒素篩選出對人的救命良藥」，台灣的科學家並沒有缺席，例如台大黃德富教授很早（約在一九八四年）便已經發現，赤尾青竹絲的毒液內有一種蛋白質對血小板活性的抑制力極強，這樣的發現後來被應用在抑制癌細胞的轉移上。最近，台大符文美教授和成大莊偉哲教授合作，以基因工程改造赤尾青竹絲的蛇毒，使其專一攻擊癌細胞，抑制其增生，讓癌症可受控制。這項新藥已申請世界專利，並於二〇〇八年授權給美商安成國際藥業公司，預計明年（二〇一九）進入人體臨床試驗。如果成功，除了每年可以創造上千億的商機，也將造福許多癌症的病患和家屬。此外，蛇毒蛋白藥品因為有抑制血管增生的效果，因此還能治療血管增生所造成的眼睛黃斑部病變。莊教授說：目前動物實驗也已證實有效。

對於有毒的動物，尤其是蛇類，人們總是有除之而後快的衝動，殊不知牠們除了在生態系有各自獨特的功能外，更重要的是牠們經過長期的演化，產生的毒素已能精準快速地索命。其背後的意義誠如作者所言：「牠們經由演化而產生的毒素，讓牠們比人類更了解人類的身體。我們如果想要學習這些動物所傳授關於人類的知識、關於生命的知識，唯一的方式就是讓牠們好好活著。」但願我們能以更大的包容和這些有毒可怕的動物共存——不只是為了牠們，更是為了我們自己。

延伸閱讀書籍

杜祖健著　何東英編譯　二〇〇三　中毒學概論——毒的科學　藝軒圖書
杜銘章　二〇〇四　蛇類大驚奇　遠流
邵廣昭、林幸助　一九九一　水生有毒動物　渡假
覃公平主編　一九九八　中國毒蛇學　廣西科學技術
楊平世　一九八九　有毒昆蟲及防治　內政部營建署墾丁國家公園管理處
楊玉齡、羅時成　一九九六　台灣蛇毒傳奇：台灣科學史上輝煌的一頁　天下文化

【Life and Science】MX0003X

毒特物種

從致命武器到救命解藥，看有毒生物
如何成為地球上最出色的生化魔術師
Venomous: How Earth's Deadliest Creatures
Mastered Biochemistry

作　　者❖克莉絲蒂・威爾科克斯（Christie Wilcox）
譯　　者❖鄧子衿
封面設計❖廖勁智@覓蠹
內頁排版❖卡那拉
總 編 輯❖郭寶秀
選書策畫❖黃貞祥
責任編輯❖郭棤嘉

發 行 人❖凃玉雲
出　　版❖馬可孛羅文化
10483臺北市中山區民生東路二段141號5樓
電話：(886)2-25007696
發　　行❖英屬蓋曼群島商家庭傳媒股份有限公司城邦分公司
10483臺北市中山區民生東路二段141號11樓
客服服務專線：(886)2-25007718；25007719
24小時傳真專線：(886)2-25001990；25001991
服務時間：週一至週五9:00～12:00；13:00～17:00
劃撥帳號：19863813　戶名：書虫股份有限公司
讀者服務信箱：service@readingclub.com.tw
香港發行所❖城邦（香港）出版集團有限公司
香港九龍九龍城土瓜灣道86號順聯工業大廈6樓A室
電話：(852)25086231　傳真：(852)25789337
E-mail：hkcite@biznetvigator.com
馬新發行所❖城邦（馬新）出版集團
Cite (M) Sdn. Bhd.
41, Jalan Radin Anum, Bandar Baru Sri Petaling,
57000 Kuala Lumpur, Malaysia
電話：(603)90563833　傳真：(603)90576622
E-mail：services@cite.my
輸出印刷❖前進彩藝有限公司
初版一刷❖2018年6月
二版一刷❖2023年12月
定　　價❖380元
電子書定價❖266元

ISBN：978-626-7356-28-9
EISBN：9786267356265

城邦讀書花園
www.cite.com.tw

國家圖書館出版品預行編目資料

毒特物種：從致命武器到救命解藥，看有毒生物如何成為地球上最出色的生化魔術師／克莉絲蒂・威爾科克斯（Christie Wilcox）著；鄧子衿譯. -- 二版. -- 臺北市：馬可孛羅文化出版：家庭傳媒城邦分公司發行, 2023.12
面；　公分. --（Life and science ; MX0003X）
譯自：Venomous: how earth's deadliest creatures mastered biochemistry
ISBN 978-626-7356-28-9（平裝）

1.CST: 有毒動物

384.97　　112017656